# ぷちマンガでわかる
# フーリエ解析

渋谷 道雄／著　晴瀬 ひろき／作画　トレンド・プロ／制作

本書は 2006 年 3 月発行の「マンガでわかるフーリエ解析」を、判型を変えて出版するものです。

本書に掲載されている会社名・製品名は、一般に各社の登録商標または商標です。

本書を発行するにあたって、内容に誤りのないようできる限りの注意を払いましたが、本書の内容を適用した結果生じたこと、また、適用できなかった結果について、著者、出版社とも一切の責任を負いませんのでご了承ください。

本書は、「著作権法」によって、著作権等の権利が保護されている著作物です。本書の複製権・翻訳権・上映権・譲渡権・公衆送信権（送信可能化権を含む）は著作権者が保有しています。本書の全部または一部につき、無断で転載、複写複製、電子的装置への入力等をされると、著作権等の権利侵害となる場合があります。また、代行業者等の第三者によるスキャンやデジタル化は、たとえ個人や家庭内での利用であっても著作権法上認められておりませんので、ご注意ください。

本書の無断複写は、著作権法上の制限事項を除き、禁じられています。本書の複写複製を希望される場合は、そのつど事前に下記へ連絡して許諾を得てください。

出版者著作権管理機構
（電話 03-5244-5088, FAX 03-5244-5089, e-mail: info@jcopy.or.jp）

JCOPY ＜出版者著作権管理機構 委託出版物＞

# ◆◆◆ まえがき ◆◆◆

　本書は、フーリエ変換・フーリエ解析のアウトラインをつかんでもらうための入門書です。

　フーリエ解析は、物理学の分野にとどまらず工業製品などにも幅広く応用されてきています。フーリエ解析を支えているよりどころは、フーリエ変換という数学の考え方です。読者の多くの方々は「数学＝公式」のように受け止めておられると思います。しかし、数学と取り組むときに必要なことは、公式を覚えることではなくその考え方・概念を理解することです。

　また、その概念を理解するためにはいくつかの基礎知識が必要になります。フーリエ変換に必要となる基本的な知識は微分・積分と三角関数です。そして、これらの基礎知識の「概念」をつかんでおくことがとても重要です。高等学校での三角関数（サイン・コサイン・タンジェント）の取り上げ方は、直角三角形の二辺の比に重点がおかれ、それに関する公式を操る訓練に終始しがちです。本書では、三角関数を時間とともに回転する、動きのある関数という捉え方に力を入れています。このように捉えることの妥当性を本書で理解していただけると思います。

　いいかえれば、本書はフーリエ解析の名を借りた三角関数の参考書ともいえます。本書の中には、必要最小限の公式を証明なしで利用していますが、大切なことは公式を覚えることではなく、それを利用した結果得られた新たなものの見方・捉えかたに感動することです。これまでの多くの教科書や参考書が、公式の覚え方やその演習問題の解き方に集中してきました。高等学校や大学などの試験でも、その公式の運用（計算）能力を試してきました。その結果、演習問題を丸ごと暗記した人もいたようです。

　フーリエ変換は、いくつかの数学的な基礎知識から新たな概念を導き出しています。この概念を理解する面白さは、公式を暗記することとは別世界の楽しみです。応用範囲の広いフーリエ解析ですが、本書で扱う例題としては「音」だけを取り扱っています。いろいろな音を自分自身で解析することから、新たな発見ができるのではないでしょうか。

　本書を通して、フーリエ変換・フーリエ解析のアウトラインをつかんだあとで、具体的なフーリエ変換の計算方法や、スペクトルの時間変化などについて、さらなる興味をもたれた読者の方には、本書と同じオーム社から出版されている拙著（共著）『Excelで学ぶフーリエ変換』を続けてお読みになられることをお勧めします。ここでは、パソコン上でExcelを使い、簡便ながらさまざまな解析ができる例題を取り上げています。

　ともすると数式だらけの解説だけになってしまうフーリエ解析を、楽しいストーリーに仕立てていただいたre_akinoさんと、そのストーリーを魅力的なマンガの形に表してくれた漫画家の晴瀬ひろきさんに、この場を借りて心より感謝いたします。最後に、この企画を最後まで支援していただいたオーム社開発局の皆様にもお礼を申し上げます。

2006年3月

渋　谷　道　雄

# 目　次

## ◆プロローグ　音の波 …………………………………………… 1

## ◆第1章　フーリエ変換への道のり ……………… 15
- ♪1. 音と周波数 ……………………………………………… 16
- ♪2. 横波と縦波 ……………………………………………… 24
- ♪3. 波の時間変化 …………………………………………… 28
- ♪4. 周波数と振幅 …………………………………………… 31
- ♪5. ジョセフ・フーリエの発見 …………………………… 37
- ♪6. フーリエ変換に向けての数学的準備 ………………… 39

## ◆第2章　三角関数のイメージ ………………… 43
- ♪1. 回転・振動と三角関数 ………………………………… 44
- ♪2. 単位円 …………………………………………………… 54
- ♪3. 正弦関数 ………………………………………………… 56
- ♪4. 余弦関数 ………………………………………………… 57
- ♪5. 媒介変数表示と円の式 ………………………………… 59
- ♪6. 時間変化をする量の三角関数への当てはめ ………… 63
- ♪7. $\omega t$ と三角関数 ……………………………………… 65

## ◆第3章　積分と微分のイメージ ……………… 73
- ♪1. 積分のイメージ ………………………………………… 74
- ♪2. 定数式の積分 …………………………………………… 82

- ♪ 3. 1次関数の積分 ……………………………………… 84
- ♪ 4. n次関数の積分 ……………………………………… 86
- ♪ 5. 任意の曲線の定積分 ………………………………… 88
- ♪ 6. 接線のイメージ ……………………………………… 90
- ♪ 7. 微分 …………………………………………………… 92
- ♪ 8. 三角関数の微分 ……………………………………… 95
- ♪ 9. 三角関数の定積分 …………………………………… 101

## ◆第4章　関数の四則演算 …………………………… 111

- ♪ 1. 関数の和のイメージ ………………………………… 112
- ♪ 2. 関数同士の足し算 …………………………………… 118
- ♪ 3. 関数同士の引き算 …………………………………… 120
- ♪ 4. 関数同士の掛け算 …………………………………… 122
- ♪ 5. 関数の積と定積分 …………………………………… 129

## ◆第5章　関数の直交 ………………………………… 135

- ♪ 1. 関数の直交 …………………………………………… 136
- ♪ 2. 直交する2関数をグラフから確認する ……………… 144
- ♪ 3. 直交する2関数を計算で確認する …………………… 146
- ♪ 4. $y = \sin^2 x$ の定積分 ……………………………………… 149

## ◆第6章 フーリエ変換を理解するための準備 ⋯ 155

- ♪1. 三角関数の加算で波形を作る ⋯ 156
- ♪2. $a\cos x$ と $b\sin x$ の合成 ⋯ 162
- ♪3. 違う周期の三角関数を合成する ⋯ 168
- ♪4. フーリエ級数 ⋯ 171
- ♪5. 時間関数と周波数スペクトル ⋯ 177
- ♪6. フーリエ変換の入口 ⋯ 181

## ◆第7章 フーリエ解析 ⋯ 185

- ♪1. 周波数成分を調べる手順 ⋯ 186
- ♪2. フーリエ係数 ⋯ 194
- ♪3. 音叉のスペクトル ⋯ 201
- ♪4. ギターのスペクトル ⋯ 206
- ♪5. 人の声のスペクトル ⋯ 211
- ♪6. Sweet Voice ⋯ 219

## ◆付録 フーリエ級数の代数への応用例 ⋯ 235

- 参考文献 ⋯ 245
- 索引 ⋯ 246

◆プロローグ◆
## 音の波

MRI = Magnetic Resonance Imaging
（磁気共鳴画像処理）

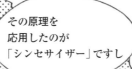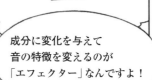

◆第1章◆

# フーリエ変換への道のり

## ♪ 1. 音と周波数 ♪

まずはフミカちゃんも大好きな「音」の話からはじめましょうね

オー！

音は空気の圧力を変化させながら波のように伝わります

『音圧』

このときの圧力変化の量を「音圧」といいます

音圧!?
なんか
カッコイイね！

ホワイトボード…

いつも家庭教師の先生が使っているものです

横軸を時間
縦軸を音圧として
音をグラフ化しますと…

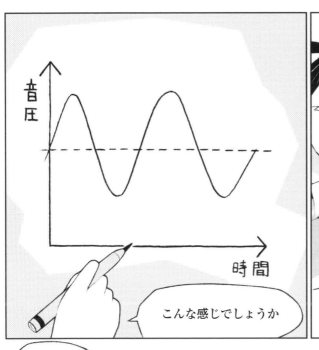

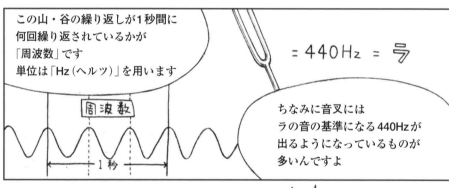

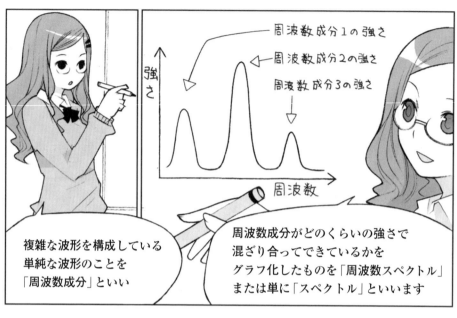

## ♪ 2. 横波と縦波 ♪

🙂 音の話をしてきましたが、「波」として伝わるものには、「電波」や「光」などもあります。もちろん電波も光も「波形としては」目で見ることはできません。しかし、「音波」「電波」「光波」と呼ばれるように、「波のイメージ」で捉えられますね。

🙂 そうだね。

🙂 「音波」や「電波」、「光波」のような目に見えない「波」は測定器を使って電気的な「信号（電気信号）」に変えて観測されます。

🙂 ギターの音がアンプから出るのも、音の波が電気信号に変換されてるから？

🙂 そうですね！ 正確には最終的な音の出力はアンプではなく、スピーカーなのですが…。ギターのピックアップで拾われた弦の振動（微弱な音）は電気信号に変わります。その電気信号をアンプが大きく「増幅」し、スピーカーが振動板を震わせ空気を振動させます。それが「音」として人間の耳に届くという流れなんですよ（図1-1）。

●図1-1 ギターの弦の振動を電気信号に変え、音として出力する流れ

🙂 へぇ～。

🙂 弦の振動を「信号」として捉えたものを調べると、先ほど音の例で説明したような波形が観測できるんですよ。
さて、ここまで「波」とひとくくりでいってきましたが、波は「縦波」と「横波」の二種類に分けることができるんです。まずはその話からはじめましょう。

🙂 へ～。波に種類があるもんなんだねぇ。

🙂 意外でしたか？ まずは「電磁波」のお話をしましょう。ラジオやテレビ放送に使われたり、携帯電話の通信に利用される電波も、目に見える光や熱線（赤外線）もその物理的な性質はどちらも「電磁波」と呼ばれる波の仲間です。これらの電磁波が伝わる速さは、真空中でおよそ30万km/秒です（空気中でもほぼ同じです）。

🙂 音が空気を伝わる早さは340m/秒くらい（1気圧16℃のとき）だってテレビで聞いたことあるよ。それに比べるとものすご～く速いんだね！

🙂 そうですね。電磁波は電場と磁場の強さの時間変化が、その波の伝わる方向に対して垂直に変化するので「横波」と呼びます。

🙂 どういうこと？

🙂 いま自分が電磁波に乗って前の方に進んでいくようなイメージで考えると、電場と磁場の変化は「左右」とか「上下」に波のように変化しています。ちなみに、電磁波は真空中でも伝わるんですよ（図1-2）。

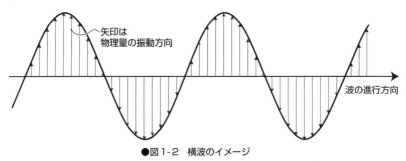

●図1-2　横波のイメージ

🙂 なるほど…。

🧑 音も横波…？

👩 ハズレです…。音は「縦波」なんですよ。

🧑 それってどんなの？

😊 音の場合は、空気中を空気の密度が高くなったり低くなったりしながら伝わっていきます。このとき自分が音波に乗って前の方に進んでいくようなイメージで考えると、空気の密度は自分の前後に変化しています。このように、波の伝わる方向と同じ方向に変化するものを「縦波」と呼びます（図1-3）。

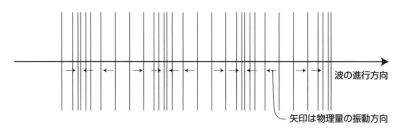

●図1-3　縦波のイメージ

🧑 バネみたいな動きのことね！

😊 イメージは近いですね。縦波の性質を持つ波は、その密度の変化を伝えるためのモノ「媒質」が必要で、真空中では伝わらないのです。媒質は空気のような気体だけでなく、水などの液体中や、材木や金属などの固体中でも、縦波は伝わっていきます。

🧑 フム…。

😊 縦波は、その伝わる方向に空気などの媒質の密度が高く（密に）なったり低く（疎に）なったりすることから、「疎密波」とも呼びます。この疎密波を密度の変化としてグラフにすると、横波のグラフと同様に表すことができます（図1-4）。

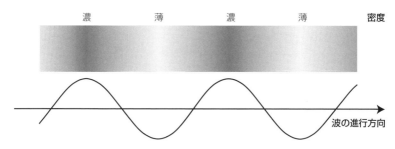

●図1-4 疎密波をグラフと対応させる

🙂 このように、横波・縦波の区別に関わらず、「波」という概念を図形で表す場合には「正弦（sin）関数」を用います。整理しますと、「横波」の場合なら電場・磁場の進行方向に対する上下（左右）の変化を図形で示すとsin関数になります。「縦波（疎密波）」の場合も密度の変化を図形で示すとやっぱりsin関数になるというわけです。

🙂 ここでもサインか！

🙂 まぁ、それほどフーリエ変換と三角関数とは密接に関係しているということです。とりあえず、ここでは「そうなる」ということだけ覚えていてください。

## ♪ 3. 波の時間変化 ♪

- 波といってまず思い浮かぶのは、池などの水面に広がる波紋ではないでしょうか？
- うん。そうだね。
- 池に木の葉が浮いているところを想像してみてください。そこに小石を放り込むと、同心円状に「波紋」が広がっていきますね。でも、木の葉は元あったところを中心にわずかに揺れ動いてはいるものの、1カ所にとどまっているものです。
- あ〜…。確かにそうだね。
- この波紋が伝わっていく様子から、山あるいは谷の進んでいく速さと、ある1点の水面の高さが上下する速さとは、互いに独立した関係であることがわかります。
- ライブとかで人がつくるウェーブも…。
- そうね。一人ひとりは手を上げたり下げたりしてるだけだけど、全体を見ると波が進んでるように見えるもんね。
- そんな感じですね。波紋が伝わっていく現象は、水面が移動しているのではなく、その場での水の振動が、隣の水を動かし、その水の振動がさらに隣を……という具合に影響を伝えていくことから生じます（図1-5）。

池に小石を投げ込んだ後の水面に波紋が広がっていく…

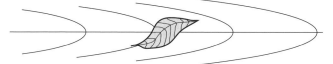

水面を横から見たとするとこのようになり、木の葉は上下に揺れているが、その場所はほとんど変わらない。

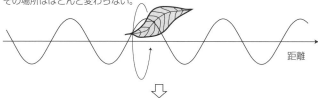

この木の葉の上下の変化が時間と共にどのようになっているかをグラフにすると…

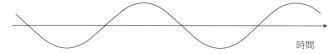

●図1-5　波紋に揺れる木の葉の動きと時間変化

🙂 なるほど。

🙂 波が伝わるということは、波の一番先頭の部分がどんどん前に進んでいくということです。では、私たちが「波形」といってるものはどのようなものでしょうか。

🙂 「波」と「波形」は違うのね…。

🙂 そうですね。せっかくなので、人がつくるウェーブを例に考えてみましょう。人がつくるウェーブは、一列に並んだ人が順々に手を上げたり下げたりすることで、「波」を作り出しますね？

🙂 うん…。

🙂 列を遠くから見れば、手を上げている人が「波の頂点」となって、波が進んでいるように見えます。しかし、一人にだけ注目して見た場合、その人は時間とともに上下に動いているだけです。この一人の動きに注目し、時間変化にあわせて上下の動きを表したものを「波形」と呼びます（図1-6）。

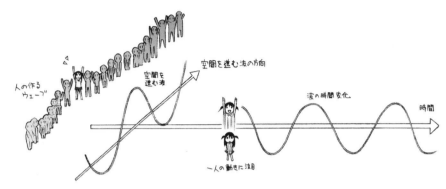

●図1-6 波を時間変化として取り扱う

🙂 ほうほう。

😊 わかってきました？ これまで見てきたように、電波（光を含めた電磁波＝横波）でも、音波（疎密波＝縦波）でも、時間とともに変化する「波形」として取り扱うことができます。通常、自然界に存在する波形は、単純な波形ではなく複雑な波形として観測されます。

😐 複雑…。

😊 さっきも話したとおり、この複雑な波形は、いくつかの波形の合成によって作り出されているものと考えることができます。この、いくつかの単純な波形の合成から複雑な波形ができている、という概念が「フーリエ変換」の根底を支えています。

😐 単純…。

😊 いい換えれば、この単純な波形の合成が、どのような周波数や強さから成り立っているかを数学的に求める手法が「フーリエ変換」です。

😐 フーリエ変換…。

😄 いっぱい喋って偉いぞ、リン！

😐 ……。ゴスッ！（フミカを突く音）

😣 うぐぅっ！

## ♪ 4. 周波数と振幅 ♪

🙂 信号や波形の概念がわかったところで、周波数と振幅の話から、フーリエ変換の直感的なイメージをつかんでおきましょう。

🙂 お～！って、周波数ってのはさっき聞いたけど、振幅って何？

🙂 振幅というのは信号の高低差のことですよ。それと、波形の山・谷の1セットを「周期」と呼びます。先ほど、周波数とは「1秒間に何回振動しているか」を示すとお話しましたが、これを波形に置き換えると、「1秒間に何周期あるか」と見なすことができます。このことを、たとえば2Hzの周波数で見てみるとこのようになります（図1-7）。

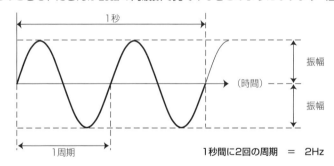

●図1-7　2Hzの信号の周期と振幅イメージ

🙂 へぇ～。

🙂 また、「1周期」は、必ずしも0の高さから見るとは限らないんですよ。山・谷のワンセットができれば「1周期」と見なすことができます（図1-8）。

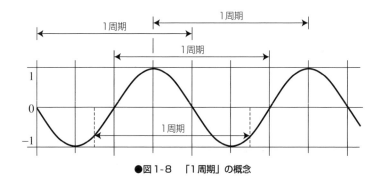

●図1-8 「1周期」の概念

さて、先ほどの2Hzの信号をスペクトルとしてグラフにすると、このようになります（図1-9）。

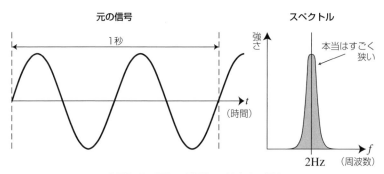

●図1-9 2Hzの信号をスペクトルで示す

横軸の2Hzのところに、振幅分の大きさを描けばいいんだね！

そういうことです♪ では、振幅や周波数が実際に耳にする音とどのような関係があるのかを説明しましょう。振幅はその大きさが音の大きさ（強・弱）に対応します。つまり、振幅を小さくするということは、テレビやラジオの音量を小さくすることに対応しているんですね。この関係をグラフにするとこうなります（図1-10）。

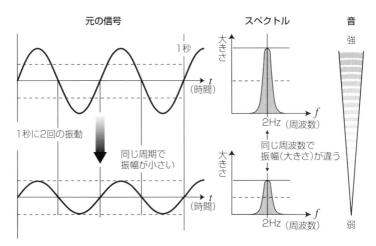

●図1-10　2Hzの信号の振幅による違い

　スペクトルが小さいと音も弱い…？

　そうです♪　では、周波数が上がるとどうなるのでしょうか。たとえば1秒間に8回振動する波形で考えてみましょう。この場合、最初の波形に比べると同じ時間の間に波の繰り返しが4倍になります。スペクトルを描くと、8Hzのところに山ができます。このように周波数を上げると、元の信号に比べて高い音になります（図1-11）。

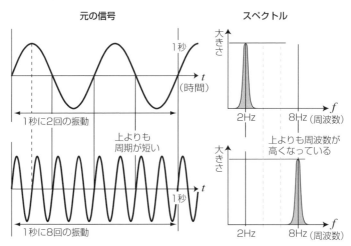

●図1-11　2Hzの信号と8Hzの信号の違い

😀 そういえば、ギターやベースの弦も細い弦の方が太い弦よりも震えが速いし、音も高いね！

😀 それに弦を強く弾けば、それだけ弦は大きく震え、大きな音がでますね。そういう観点で考えると、弦の振動と信号の波形はよく似た関係を持っているといえます。逆の考え方をすれば、低い音を出すためには弦の震えをゆっくりにする必要があるわけですから、必然的に弦を太く（重く）しているというわけですね。

😀 お〜。なるほど！

😀 これで信号と周波数の持つ意味や、それをスペクトルとして表現するときのイメージはつかめたと思います。しかし、実際の音や声というものは、いろいろな周波数の波形が混ざり合った複雑な形をしているものです。

😀 その複雑な波形からスペクトルを求めるのがフーリエ変換なんでしょ？

😀 その通り！ では、その概念をざっと見てみましょう。たとえば、こんな感じの複雑な波形があったとしましょう…（図1-12）。

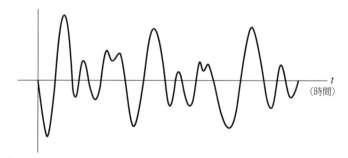

●図1-12　複雑な波形の例

😀 複雑…。

😀 フーリエ変換を行うには、原則的に波形が一定の周期を持っていることが必要となります。そこで、複雑な波形ではある短い部分で区切り、その区間で波形が繰り返されていると仮定します。

😀 複雑な波形のときは周期とかってどうやって見ればいいの〜？

いちばん大きな波で考えるようにし、それを「基本周波数」といいます。複雑な波にはいろいろな周波数が混ざっていますが、その中でもいちばん基本となる周波数ということですね。たとえば、先ほどの波形を1秒で区切ったとします。いちばん大きな波を含む周期を区切ります。これを「基本周期」といいます。この波形では1周期が0.5秒ですので、基本周期は0.5秒で、基本周波数は2Hzということになります（図1-13）。

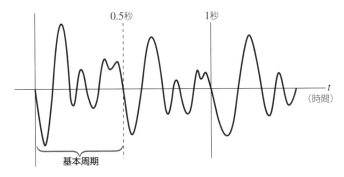

●図1-13　基本周期

なるほど…。それで、それをどうするの？

複雑な波形をある長さで区切ったら、そこから一つひとつの波形、つまり周波数成分を抽出する作業を行います。ここに三角関数や積分の知識が必要になってくるわけです。

へぇ〜。三角関数はさっきサインが出てきたから、なんか関係ありそうな気がするけど、積分も使うのかぁ〜…。

今はイメージできなくても順番にやっていけば理解できるようになりますよ♪　周波数成分がわかったら、それぞれの大きさを求めて、順に一つのグラフにまとめればスペクトルがわかるということです！　これがフーリエ変換の一連の流れです。もう一度整理すると次のようになります（図1-14）。

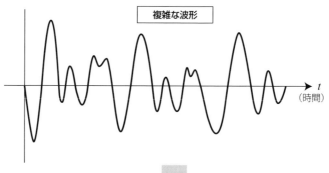

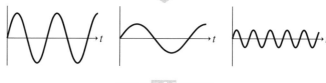

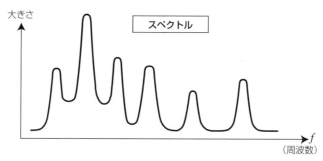

●図1-14　フーリエ変換のイメージ

> フムフム。これが「フーリエ変換」で、フーリエ変換の結果から波形について分析することを「フーリエ解析」っていうんだね！

## ♪ 5. ジョセフ・フーリエの発見 ♪

- さて、ここで少しだけ「フーリエ変換」の歴史的な流れのお話をしましょう。
- 今度は歴史の授業か〜！
- バックグラウンドを知っていれば、より興味も持てるし、深く理解できるものですから…。
- まぁ、聞いてあげるから話してみなさーい！
- ……（溜息）。
- フーリエ変換は、1812年にフランスの数学者ジョセフ・フーリエ(1768〜1830)が「熱の伝導法則」に関する問題を解いたところにはじまりがあるんですよ。
- フーリエって人の名前だったんだねぇ…。それにしても、「熱の伝導法則」が波と何か関係あるの？
- 「熱の伝導」とは熱が物質を伝わっていくことですが、これはさまざまな要因の影響を受ける複雑な現象なのですね。しかし、フーリエさんは複雑な現象も、簡単な現象が組み合わさって出来たものだという発見をしたのです。
- それが複雑な波も簡単な波の合成でできるって考え方に結びつくのか〜！
- 実は当時、フーリエさんも波やスペクトルへの応用は考えていなかったんですよ。しかし、その後フーリエさんの発見は研究が進み「波の性質を調べる数学的な考え方」として普及したのです。

🙂 フムフム。

😊 しかし自然界にあふれる複雑な波形を計算するのは大変なことです。そこで1965年に高速フーリエ変換「FFT（Fast Fourier Transform）」という手法が考え出されました。FFTは三角関数の基本的な性質をうまく組み合わせることで、効率的にフーリエ変換する手法です。フーリエ変換はFFTとコンピュータの普及によって、一気に物理学や工学の分野に活用の場が広がったのです。

🙂 「音」と関係ないとこでも役に立つのね…。

😊 光や電波も電気的な「信号」に変えると波形として観測できるとお話しましたね。いい換えれば、信号として観測できる多くのものにフーリエ変換は応用できるってことなんですよ！　わかりやすい例を出せば、病院などで見かける「心電図」は、人の心臓の動きをまさしく「波形」で表したものですね。

🙂 お〜、なるほど…！

😊 「音の信号」から「必要な音」と「雑音」とを分けて、「必要な音」だけを伝えるようにしたり、「心臓の鼓動」を波形にすることよって「正常な動作」か「異常な動作」を判断できたりするということです。「スッパイ」といった味覚情報や「甘い香り」といった嗅覚情報も電気信号に変えることができることを考えれば、フーリエ解析の応用範囲の広さが想像できますね。

🙂 フーリエって凄いんだね！

## ♪ 6. フーリエ変換に向けての数学的準備 ♪

一番上にはゴールとなる
「フーリエ変換」があります

そのフーリエ変換を
理解するためには
「関数の直交」の概念が重要です

**7章** フーリエ変換

**6章** フーリエ級数
直交関数 (sin/cos) による関数の合成

**5章** 関数の直交

「関数の直交」を
理解するためには
「関数の積とその定積分」
を理解しなければ
なりません

**4章** 関数の四則演算 ▶ 関数の積とその定積分

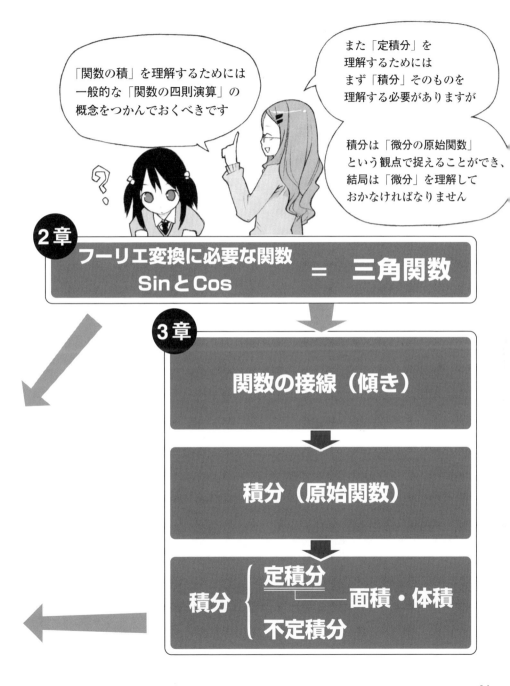

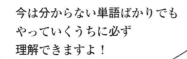

◆第2章◆

# 三角関数のイメージ

♪ 1. 回転・振動と三角関数 ♪

この観覧車は
直径が20mで
6分間で一周します

可愛らしい観覧車だね!

1回転は360度なので
30秒で30度 (360度÷(6分÷30秒※))
1分で60度 (30度÷30秒※)
回転することになります

フム

この観覧車のゴンドラの高さが
時間とともにどのように
変化していくかを
グラフに記入するとしましょう

※30秒=0.5分

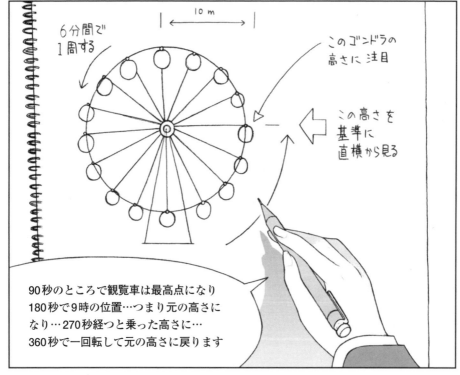

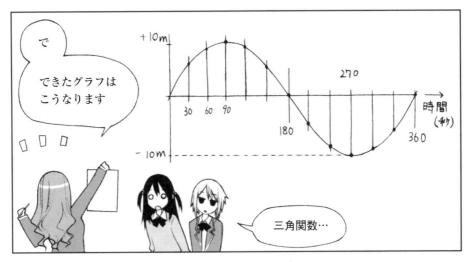

この波のような形は三角関数のグラフそのものです！
関数とは一方の値が決まるともう一方の値も定まる対応関係のことです

グラフはこの対応関係が連続した結果を表しているんですね

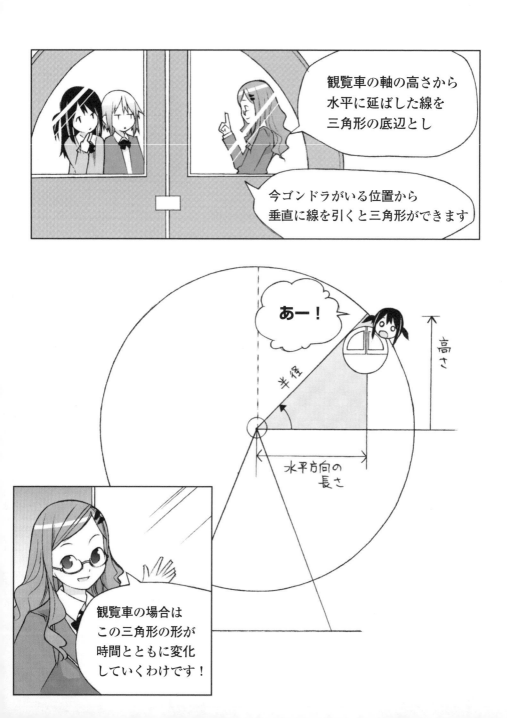

## ♪ 2. 単位円 ♪

🙂 角度や長さをもう少し数学的に使えるような呼び方にしておくと今後いろいろなものに応用できて便利なので、その説明をしますね。

🙂 はーい。

🙂 さっきの例では、直径20mの観覧車という設定にしましたが、数学として扱うときには、長さについてはメートルというような「単位」は特に重要ではありません。また、観覧車の半径や円の半径なども、扱いやすい基準としてすべて「1」ということにします。実際の応用では、長さであったり、電圧であったり、いろいろな量に当てはめることができます。とにかく今は、何か基準を作ってそれを1と呼ぶことにします。このように半径を1と定めた円のことを「単位円」といいます。

🙂 半径、1！ 単純だね。わかりやすいことはいいことだ！

🙂 ちょっと数学っぽくすると、半径1の円の中心を原点として、右方向に $x$ 軸、上の方向に $y$ 軸を書くことにします。ここで、「軸」といっているものは、基準になる直線を意味しています。また、これを基準にして、角度も測ることにします。ここに書いた単位円では半径の「1」は長さを表しています。そこで、この半径と同じ長さを円周上に写し取り、そこにできた角度を「1ラジアン」と決めます（図2-1）。

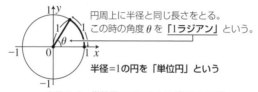

円周上に半径と同じ長さをとる。
この時の角度 $\theta$ を「1ラジアン」という。

半径=1の円を「単位円」という

●図2-1 単位円における1ラジアンの概念

🧑 ラジアン〜？ なんの役に立つの〜？

👩 三角関数を扱うとき、この「ラジアン」という単位は大変に扱いやすいものになるんですよ。というのも、半径1の単位円では、角度と円周の長さが密接につながっているので、ラジアンを用いることでさまざまな計算のイメージがつかみやすくなります。

🧑 ふーん。ところで、「$\theta$」って何だっけ？

👩 $\theta$（シータ）は、「角度」を示す記号だと思っていてください。

🧑 「$x$」や「$y$」のようなものかぁ〜。

👩 それでは、円周を求める公式は覚えていますか？

🧑 …$2\pi r$？

👩 そうです！ $\pi$ は円周率、$r$ は半径のことでしたね。いい換えると、円周率（$\pi$）とは「直径（$2r$）」と「円周の長さ」の比のことなんです。単位円は半径が1ですので直径は2、したがって円周の長さは $2\pi$ になります。円周とは、観覧車の例でいえば、一つのゴンドラが1回転（360度）する軌道の長さということになります。これをラジアンで考えてみましょう。

🧑 円周上に1の長さをとったときにできる角度が1ラジアンだったね！

👩 そうです♪ 円周の長さは $2\pi$ ですから、これをラジアンで表すと $2\pi$ ラジアンということになります！ これまで角度を度（および分・秒）で表していたものを360度 $= 2\pi$ ラジアンとして扱うことができます。つまり、円周上の長さから角度を表すものがラジアンなのですね。

ちなみに、角度とラジアンの対応はこんな感じになっています（表2-1）。

| ラジアン | $\frac{\pi}{6}$ | $\frac{\pi}{4}$ | $\frac{\pi}{3}$ | $\frac{\pi}{2}$ | $\pi$ | $2\pi$ |
| --- | --- | --- | --- | --- | --- | --- |
| 角度(度) | 30 | 45 | 60 | 90 | 180 | 360 |

●表2-1　角度とラジアンの対応

🧑 ケーキを切り分けるときみたいな感じなのかな…？

👩 そうですね。丸いケーキを何等分かにするときは、円周…つまりケーキの円周上の長さに見当をつけて切っていきますからね。概念はそんな感じです。一般的にはなじみの薄い「ラジアン」ですが、関数を扱う上での「共通規格」みたいなものなのです。

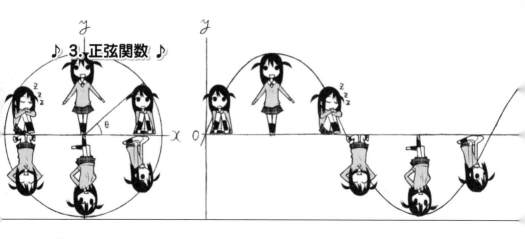

## ♪ 3. 正弦関数 ♪

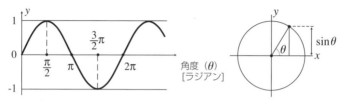

●図2-2 正弦関数の概念

🙂 まずはこの図を見てください（図2-2）。

🙂 先ほど観覧車の例でお話したことを思い出してください。ゴンドラの位置、つまり円周上を回転するある1点の高さの変化を記録したグラフがちょうど同じ形になりましたね。

🙂 うんうん。なったなった！ 三角関数なんだよね。

🙂 この形を正弦関数あるいは sin（サイン）関数と呼んでいます。もう一度「関数」という言葉の意味を確認しておきます。この場合のグラフを見ると、横軸に「角度」、縦軸に「単位円上の点の $x$ 軸からの高さ」を示しています。すなわち、縦軸の値（$y$）は横軸（角度）の値（$x$）の関数になっているということです。

🙂 sin は三角形の「高さ」に注目すればいいのね…。

🙂 そうですね。回転運動を関連づけると、さっきグラフで示した $\theta=0$（回転する点がちょうど $x$ 軸のところ）からはじまる sin 関数になります。$x$ 軸を基準にした任意のある角度（「底角」といいます）の大きさを $\theta$（シータ）としたとき $y$ の高さの関係は、$y=\sin\theta$ という式で表すことにします。

## ♪ 4.-余弦関数 ♪

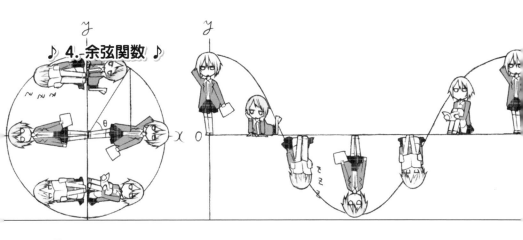

🙂 $\sin\theta$ がある点の高さ、つまり $y$ の値に注目したわけですが、$x$ の値に注目したものが $\cos\theta$ になります。

はじめに $\theta=0$ にいると、その点が $x$ 軸へ投影される長さは、半径と同じ1です。$\theta$ が徐々に大きくなっていくと、その点が $x$ 軸へ投影した点の位置は、中心から $\cos\theta$ の長さになっています。これをグラフに書くと図のようになります（図2-3）。

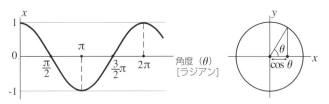

●図2-3　余弦関数

🙂 これを $x=\cos\theta$ という式で表すことにします。$\sin\theta$ が $y$ 軸に投影された影に注目したのに対し、$\cos\theta$ は $x$ 軸に注目しているために、$x=\cos\theta$ となるわけです。

この関数を余弦関数あるいは $\cos$（コサイン）関数と呼んでいます。

🙂 $\sin$ のグラフに似てる…。

🙂 そうなのです！　実は正弦関数も余弦関数も基本的な形は同じなのです。ためしに $\sin\theta$ と $\cos\theta$ の2つのグラフを一緒に並べてみましょう（図2-4）。

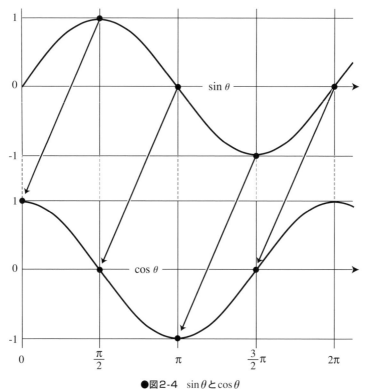

●図2-4　$\sin\theta$と$\cos\theta$

> おぉ！ 本当に同じっぽいね！

> 疑ってたの…？

> $\cos\theta$が$\sin\theta$より$\frac{\pi}{2}$だけずれているだけで、同じ形の波形になっていることがわかります。これは、sinとcosがそれぞれ$y$軸に対応しているか、$x$軸に対応しているかという見方の違いで、お互い$\frac{\pi}{2}$（90度）ずらしてみれば、等価な状態になることは直感的に理解できますね。

# ♪ 5. 媒介変数表示と円の式 ♪

🙂 この単位円上の点が移動するとき、円周上のすべての点は、底角を $\theta$ とすると
$x = \cos\theta$
$y = \sin\theta$
と書いて表すことができるんですよ。
この書き方を、$\theta$ を変数にした「媒介変数表示」といいます。これも、三角関数の応用の重要な部分になっています。

🙂 媒介変数表示ぃ〜？

🙂 つまり、$\theta$ に注目して $x = \cos\theta$ と $y = \sin\theta$ を使うことにより、ある1点を特定するのが、媒介変数表示です。
今、一つの $\theta$ を決めると $x = \cos\theta$ と $y = \sin\theta$ を計算することで1組の $(x, y)$ という $x$-$y$ 平面上での「点」が決まります。そこで、$\theta$ を変化させれば、それに応じたいろいろな $(x, y)$ の組ができてきます。つまり、全ての $\theta$ について計算すれば、$(x, y)$ の点の集合は「円」という関数（円周上のすべての点を表す）を表すことになるということです。
中学までの数学では、関数とは $y = \cdots$ で書かれた1本の式でしたが、この関数表現は2本の式（$\theta$ は両方に含まれている）で成立しているところが特徴です。

🙂 これも「円」に結びついてるのかぁ〜…。

🙂 ではでは、「円の式」は覚えていますか？

🙂 う〜ん…。教科書に載ってた…ってことは覚えてるんだけどなぁ…。

🧑 $x^2 + y^2 = r^2$ ですよ。思い出してくださいね。

🧑 そんなのあったねぇ。

🧑 円はある一つの点から一定の距離にある点の集まりと考えることができます。その一つひとつの点は円の式に当てはめて考えることができるというわけですね。

🧑 …それをどうするの？

🧑 円の式に先ほどの「媒介変数表示」を代入してみましょう。今扱っているのは半径 ($r$) が1の単位円ですので、その式に $x = \cos\theta$ と $y = \sin\theta$ と $r = 1$ をそれぞれ代入すると…

円の式
$x^2 + y^2 = r^2$
$\Rightarrow \cos^2\theta + \sin^2\theta = 1^2$

となります。これも重要な関係式なんですよ。
ただし $(\sin\theta)^2$ を $\sin^2\theta$、$(\cos\theta)^2$ を $\cos^2\theta$ と表しています。

🧑 何これ？

🧑 これはすなわち、三角関数によって「ピタゴラスの定理」が確認できたというわけです！

🧑 ん〜 ピタゴラスの定理ってのはどんなんだっけ？

🧑 ピタゴラスの「三平方の定理」とも呼ばれるもので、直角三角形の3つの辺の長さを $a, b, c$ とすると、∠C=90度のとき

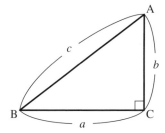

の関係が成り立つというものです。

🧑 数学って不思議だなぁ。

🧑 それが数学の魅力でもあるんですよ♪ 媒介変数表示では、$x=\cos\theta$、$y=\sin\theta$とするんでしたね。$\cos\theta$は三角形の底辺、$\sin\theta$は高さと考えることができます（観覧車を思い出して下さい）。そのため、先ほど計算で求めた、$\cos^2\theta+\sin^2\theta=1^2$は、実は $a^2+b^2=c^2$ の関係と同じだということがわかりますね。

🧑 あ～…なるほど。

🧑 円周上の回転運動で考えていたものを、定理と媒介変数表示を用いることで、三角形の比率の概念に置き換えることができたわけです。

🧑 そういえば、授業では三角関数といえば、まずは三角形の比率の話をしてた気がするなぁ…。

🧑 ちゃんと授業聞いてるんですね！？

🧑 失礼な…。バッチリ聴きまくってますぞ！

🧑 …先生に隠れて音楽をね。

🧑 ウフフ…。でも、確かに教科書の三角関数の解説では、直角三角形の斜辺($c$)、底辺($a$)、高さ($b$)そして底角 $\theta$ の関係を、静止したもの（あるいは時間変化を一瞬止めた状態）として

$\sin\theta=\dfrac{b}{c}$　　$\theta$の正弦（サイン）

$\cos\theta=\dfrac{a}{c}$　　$\theta$の余弦（コサイン）

$\tan\theta=\dfrac{b}{a}$　　$\theta$の正接（タンジェント）

と定義していますね。その上で角度を辺の比率で考え、三角関数の定義を紹介したりしています。（図2-5）。

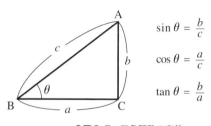

●図2-5　三角関数の定義

🧑 そうそう…それそれ！

👩 単位円で考えた場合の半径 $r$ は、上の三角形の $c$（斜辺）と置き換えることができます。つまり $c=1$ となりますので、この定義からも「$\sin\theta = b$（高さ）」、「$\cos\theta = a$（底辺）」となるというわけです。

音などの波として時間とともに変化する物理量などと関係付けるときには、$\theta$ が時間とともに変化するということを意識した方がわかりやすくなります。

🧑 フム…。

## ♪ 6. 時間変化をする量の三角関数への当てはめ ♪

🙂 三角関数を考えるとき、その中身の変数 $\theta$ は角度を表しますが、長さの単位（m：メートル）とか、時間の単位（s：秒）とか、重さの単位（kg：キログラム）などという単位を持ちません。というより、物理的な単位を持つことが許されません。

😀 えぇ？　物理的な単位がないってどういうこと―？

🙂 日常、身の回りにある量は、m（メートル：長さ）、kg（キログラム：質量）、s（秒：時間）、A（アンペア：電流）など、その物理的な単位を持っています。しかし、角度（ラジアン）はそのような物理的な単位とは直接関係がない脇役でしかないのですよ。ですから、たとえば、sin（4km）とかcos（3秒）などという表現はできないのです。

😀 へぇ～。そうなのかぁ。

🙂 とはいえ、フーリエ変換は、時間とともに変化するものを取り扱うため、単位がないというのも不便ですよね。そこで、変数 $\theta$ に物理的な単位を持てるようにしてあげます。

😀 適当に「5しーた」とかつけちゃダメなの？

🙂 ちゃんとそこに物理的な意味がなければただ単語を付けただけではダメですよ。角度の変数 $\theta$ に物理的な単位を持たせたいのであれば、見方を変えなければいけません。具体的には、「毎秒（s）○○ラジアン（rad）進む（回転する）」という単位を持つようにすればいいのです！

😀 あぁ～。どのくらい進んだか（回転したか）わかれば、自然と角度（$\theta$）もわかるもんね。変数 $\theta$ は物理的な単位がないっていってたけど、「毎秒○○ラジアン進む（回転する）」には物理的な単位があるの？

はい♪　この単位を持つ変数を表す文字に、物理学や電子工学などでは「ω（オメガ）」を使うことにしています。この物理量ωを「角速度」とも呼びます。通常の「速度」の単位を毎秒○○メートル（m/s）と表現する場合と比較すると、毎秒○○ラジアン（rad/s）が角速度と呼ばれていることが連想できますね。したがって、角速度も「速い・遅い」という言い方ができるんですよ〜。

つまり、円を観覧車にたとえて考えた場合は6分（360秒）で1周（360度=2π）したわけだから…「毎秒$\frac{\pi}{180}$ラジアン（rad/s）」だったってことかな？

そんな感じです♪　感覚的にも物理的な単位があることがわかりましたね。別の見方をすると、角度の時間変化は円周上を回転する点の「回転する速さ」と考えられますので、「毎秒○○回転する」現象と見ることもできます。このような見方ではωを「角周波数」とも呼びます。「角周波数」は「周波数」と深いつながりがあります。

おぉ、周波数のご登場だ！

まとめますと、ω (rad/s) と $t$ (s) を掛けた量「$\omega t$」は角度としての物理的な意味を持つので、三角関数の変数に利用できるようになりました。このようにすることで、時間変化する量（たとえば$x$や$y$）を、角度の単位（rad）に直して取り扱うことができるのです。

たかが「単位」、されど「単位」。なかなか深いものですなぁ…。

……。

フミカも新しい単位「Rin」ってのを考えたよー！

な、何ですか…それは？

無口さを表す単位で〜す！今日のリンは92Rinくらいかな？

……。ゴスッ！（フミカを突く音）

うぐぅっ！

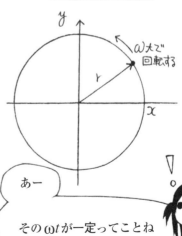

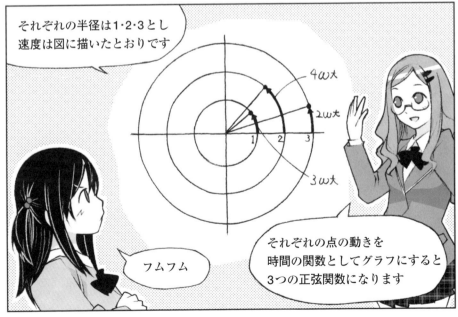

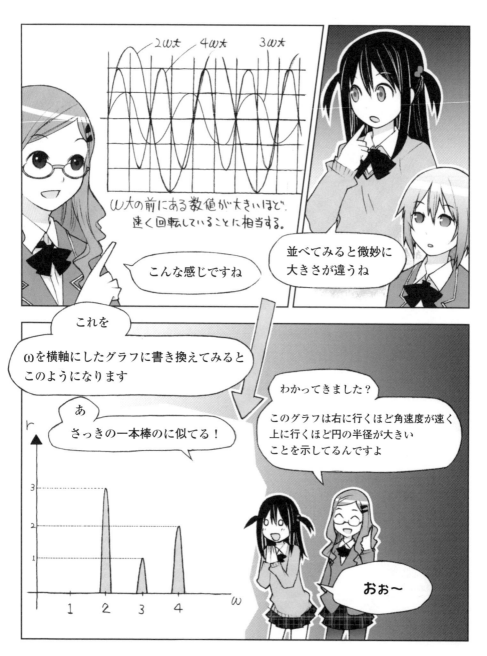

◆第3章◆

# 積分と微分のイメージ

♪ 1. 積分のイメージ ♪

サイコー！！

だからって…

連続12回もジェットコースターに乗らなくても…

もー仕方ないなー

じゃちょっと休憩しよっか

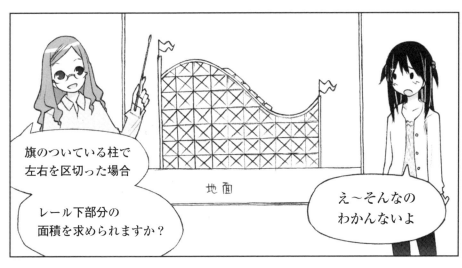

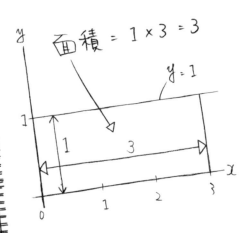

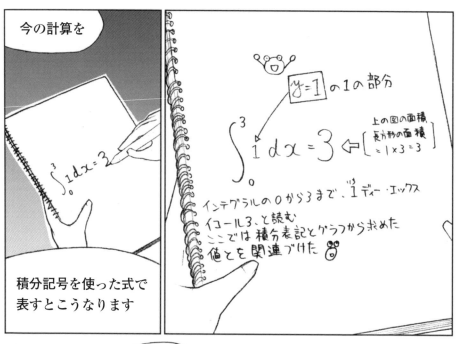

## ♪ 2. 定数式の積分 ♪

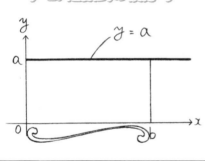

🧒 積分には、このあと解説する微分に関連した「不定積分」と、ここで解説する「定積分」があります。定積分は実際に積分する区間を区切って計算する方法で面積というある決まった値（数値としての答え）が求まります。一方、不定積分は、結果として関数が求まり一定の数値にはなりません。学校では最初に不定積分から習います。もちろん、不定積分を理解すれば定積分を理解できます。

しかし、定積分は面積を求める問題と密接に関連していて、その概念をつかむ上では不定積分を知らなくても理解できるはずです。そこで早速、$y=a$ の $x=0$ から $x=b$ までの定積分を考えてみましょう（$a$ も $b$ も正の定数とします）。面積が $a \times b$ になることはすぐにわかりますね。

🧒 長方形の面積を求めるわけだね。

🧒 このことを積分だけで書くと、図のようになります（図3-1）。

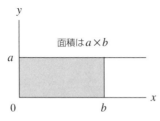

$$\int_0^b a\,dx = [ax]_0^b$$
$$= a[x]_0^b$$
$$= a(b-0)$$
$$= ab$$

●図3-1　$y=a, x=b$ を微分公式に当てはめる

🧒 では、この式の具体的な説明をしますね。式の始めの部分、左辺の意味は、「関数 $y=a$ を、$x$ に関して（$x$ の方向にという意味）$0$ から $b$ まで定積分する」ということで

す。Sを上下に長く引き伸ばした記号は「インテグラル」と読み、「以下の式を積分するよ」という意味です。この記号の下と上に小さく書いた文字や数字（ここでは0とb）は積分する区間を表し、下が区間の始まり、上が区間の終わりを示します。

🧒 じゃあ、「$dx$」ってのは何〜？

👩 $d$とは「わずかに」という意味で、$dx$は「$x$のわずかな幅」といったイメージのことです。積分は、わずかな幅を積み重ねていくことによって全体の面積を求める考え方なんですよ。

🧒 なるほど…。

👩 ここで$a$は定数で、その$x$による積分は$ax$となります。$a$の$x$方向の積分が$ax$になる理由は、あとで微分との関連で説明します。ここではとりあえず、角括弧の中に$ax$を書き（①）、積分区間をそのまま角括弧の右側に書くとだけ理解してください（②）。次に、定数の$a$を括弧から外に出します。これは、変数の$x$に定積分の区間を代入する準備をしたことになります（③）。そうしたら、$x$に積分区間を代入します。終点（積分記号の上）の値を代入し（④）、そこから始点（積分記号の下）の値を代入して引き算をします（⑤）（図3-2）。

$$\int_0^b a\,dx = \left[ ax \right]_0^b \quad \text{※}$$
$$= a\left[ x \right]_0^b$$
$$= a(b - 0)$$
$$= ab$$

●図3-2 　$y=a$、$x=b$の積分計算手順

🧒 けっこう複雑ね…。

👩 落ちついてやれば大丈夫ですよ♪
ちなみに、$y=a$とは$y=a\times x^0=a\times 1$（0乗するとどんな数字も1になることを思い出してください）と見なすことができます。このような式を「定数式」といいます。定数式を積分すると$y=ax$というような「1次関数」になったことに注意しておいてくださいね。

※$a$の$x$による不定積分は厳密には$ax+C$（$C$は定数）という形になるが、ここでは定積分を考えているので、$C$の項は考えなくてもよい

## ♪ 3. 1次関数の積分 ♪

🙂 もう一つ例題を見てみましょう。今度は $y = x$ という1次式で表される関数の場合です。この式は原点を通る直線を表すものですよね（図3-3）。

🙂 この $y = x$ が表す斜めの直線と $x$ 軸とに挟まれる範囲で $x = 0$ から $x = 1$ までの区間の面積を求めてみます。$x = 1$ のとき $y = 1$ なので、求めたい面積は簡単な三角形の面積として計算できます。三角形の面積の公式は覚えてますか？

😕 う〜ん…。「底辺×高さ÷2」だっけ？

🙂 正解です！ 計算してみると…
$1 \times 1 \div 2 = \frac{1}{2}$
となります。では、$x = 2$ ではどうなるでしょう。

😐 $2 \times 2 \div 2 = 2$

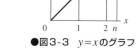

●図3-3　$y = x$ のグラフ

🙂 そうですね。つまり、$y = x$ という関数が、$x$ 軸との間に挟まれた $x = 0$ から $x = n$ までの区間に作る三角形の面積は、$n \times n \div 2 = n^2 \times \frac{1}{2} = \frac{n^2}{2}$ ということになります。つまり、$y = x$ を $x$ について積分すると、$\frac{x^2}{2}$ になるということです。定式式を積分すると1次関数になったように、$y = x$ と $x$ 軸に挟まれた面積を定積分によって求めると、その結果の式は2次関数で表されるんです。

😐 へ〜。なんか不思議だね。

🙂 なお、一般的にはここで説明したように「積分＝面積を求めるもの」という認識がありますが、厳密には積分の性質の一部が面積を求めることにとても便利だというだけのことなんです。しかし、積分そのものは数学的に奥が深いとはいえ、フーリエ変換に使

うことだけを考えた場合はそのごく一部だけを学習しておけばとりあえずＯＫです！

🙂 フーリエ変換を実際に計算するための道具として積分を使うってことかぁ…。

🙂 そういうことですよ♪ それでは、この直線と $x$ 軸にはさまれる範囲で、$x = a$ から $x = b$ までの台形の面積を求めたい場合にはどうしたらいいでしょうか？ ここで、$a$ と $b$ はそれぞれ正の定数とします（図3-4）。

🙂 ん〜…。$b$ までの大きな三角形から $a$ までの小さな三角形を引けばわかるんじゃないかな？（図3-5）

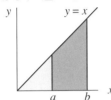
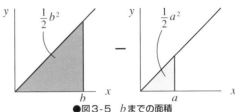

●図3-4 $x=a$ から $x=b$ までの台形の面積を求める

●図3-5 $b$ までの面積から $a$ までの面積を引く

🙂 正解です♪ $b$ までの三角形の面積から、$a$ までの三角形の面積を引けばいいので、台形の面積は $\frac{1}{2}(b^2 - a^2)$ となります。

🙂 なるほど〜。

🙂 これを積分で書くと、次のようになります。

$$\int_a^b x\, dx = \left[\frac{1}{2}x^2\right]_a^b = \frac{1}{2}(b^2 - a^2)$$

この式の左辺は $y = x$ を $a$ から $b$ まで $x$ について定積分するという意味です。右辺は計算の手順を示すもので、角カッコの中に左辺の積分に相当する $\frac{x^2}{2}$ を書き、カッコ右側の下と上に左辺と同じ値を書きます。$\frac{1}{2}$ は定数なのでカッコの外に出し、最後の式で区間の上（$b$）を代入したものをから区間の下（$a$）を代入したものを引きます。これで、定積分の計算が完了です。

🙂 これも積分の公式で表せるんだね。結果はちゃんと $b$ までの三角形から $a$ までの三角形の面積を引いた計算式と同じになったね。

## ♪ 4. n次関数の積分 ♪

(😊) ここまで、定数関数（$x$の0次式）と1次関数（$x$の1次式）について簡単に眺めてきました。つまり$x$の次数（○○乗する数のこと）を$n$とすると、$n=0$と$n=1$の場合について調べたことになります。では、$y=x^n$のときにはどうなるかを推測してみましょう。

(😐) いきなりイメージがわからなくなったな…。

(😊) 少し整理しながら考えていきましょう。まず、最初の式$y=a$（$y=a\times x^0$）は$n=0$に対応していて、$x$による積分の形は$1\times a\times x^1$（$=ax$）でした（図3-6）。

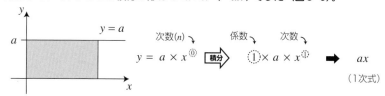

●図3-6　$y=a$の積分

(😊) 次に$y=x$（$=x^1$）の積分は、図を使った面積の関係から考えて、$\frac{1}{2}\times x^2$という形になりました（図3-7）。

●図3-7　$y=x$の積分

😊 このことから $y=x^n$ の積分の形がどうなるかを推測してみましょう。

😐 うん…。

😊 $n=0$ のときは $x$ の前の係数が $1(=\frac{1}{1})$、$n=1$ のときは $\frac{1}{2}$ となっていることから、すこし強引に類推すると、一般的な $n$ のときの積分の係数は…

😐 $\frac{1}{n+1}$ …かな（図3-8）。

$n=0$ $\xrightarrow{\text{のとき}}$ $x$ の前の係数は $1\left(\frac{1}{1}\right)$   $n=1$ $\xrightarrow{\text{のとき}}$ $x$ の前の係数は $\frac{1}{2}$   これから推測して 一般的な $n$ の場合… $\frac{1}{n+1}$

●図3-8　一般的な $n$ の係数を類推する

😊 そうです！　クイズみたいなものですね。$x$ の次数も、$n=0$ のときの積分では $x^1$、$n=1$ のときの積分では $x^2$ になっていることから、一般的な $n$ の場合の指数は $x^{n+1}$ となっていると類推できます（図3-9）。

$n=0$ $\xrightarrow{\text{のとき}}$ $x$ の次数は $x^{①}$   $n=1$ $\xrightarrow{\text{のとき}}$ $x$ の次数は $x^{②}$   これから推測して 一般的な $n$ の場合… $x^{⋯}$

●図3-9　一般的な $n$ の $x$ の指数を類推する

😐 なるほどね。

😊 まとめると、$y=x^n$ の形の関数を積分すると、積分された関数は

$$y = x^n \xRightarrow{\text{積分}} \frac{1}{n+1}x^{n+1}$$

という形になっていそうです。わずかな例題から証明を抜きにして全体を推測することは、数学的には厳密さを欠きますが…。

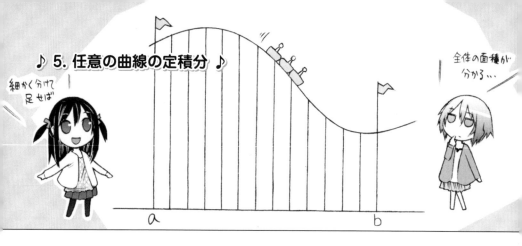

## ♪ 5. 任意の曲線の定積分 ♪

🙂 それではジェットコースターの話に戻しましょう。

😅 お〜。その話だったんだった…。

🙂 たとえば、柱と柱の間隔を1mとし、その場所での高さを計れば、その柱と柱の間に挟まれる面積が求まります。これを順に繰り返し足し合わせることで、全体のおよその面積が求められます（図3-10）。

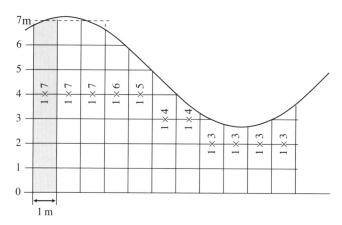

$= 1×7+1×7+1×7+1×6+1×5+1×4+1×4+1×3+1×3+1×3+1×3$

のように区分けして面積を求め、合計すると全体の面積になる。

●図3-10　1m間隔で面積を求め合計する

- 確かに、おおざっぱに計算するとそうなるね。
- この柱と柱の間隔をどんどん狭めていけば、それだけ正確な面積が求められるということになります。これが「教科書的」な定積分のイメージです。
- なるほど…。でも、計算が大変そ〜。
- ですので、この方法は、数式（数学的な関数）で表せないような場合に、コンピュータなどを使って計算する場合に実際に利用されます。
- コンピュータ時代の到来だね！
- 到来って…。
- しかし、求めたい面積が簡単な数式で表される場合には、概念を理解していればコンピュータを使わずに計算できます。簡単な数式の定積分は、簡単に計算できるからです。

# ♪ 6. 接線のイメージ ♪

さて積分の大体のイメージがつかめたところで、微分の説明をしましょう。微分とは、実は積分の逆演算にあたるものなのです。

逆演算？

逆の演算を行うということですよ。簡単な例でいえば…
2 に 5 を掛けて 10 という答えを導く手順を「順演算」とすれば、
10 を 5 で割って 2 という答えを導く手順が「逆演算」です。

なるほど。

つまり…
A を積分した結果 B となる場合、
B を微分すると A となる関係にあるというわけです。
もちろん微分を積分と関連付けなくても、微分のイメージをつかむことはできます。
まずは、微分の基本的な概念に当たる「関数の接線」について説明しておきましょう。

…関数の接線？

関数上のある点の接線というのは、その点に接する直線のことです。そして、ここで考えたいのは、その接線の傾きです。直線の傾きというのは

縦の変化÷横の変化

ということを思い出してください。

🙂 ちょっと待って。「点に接する直線の傾き」って何？ 点にも傾きがあるの？ そもそも、それって点なの？ 線なの？ どっちのー！？

🙂 まぁ、落ちついてください～。具体的にイメージしやすいよう、ちょっとたとえ話をしてみましょう。
ある複雑な曲線に沿うような段差のある階段があったとします。ある段のカドをAとして、次の段のカドをBとします。するとそこには「縦の変化」と「横の変化」があるのでAとBを結んだ直線には「傾き」があるといえます（図3-11）。

●図3-11　階段における傾きのイメージ

🙂 このAとBをどんどん近づけていって、段の幅を狭めていきます。最終的にはAとBが重なり、そのときの極限が「接線」になります。この接線における縦方向の変化の大きさを横方向の変化の大きさで割った値が「接線の傾き」です。

🙂 なるほど…。確かに点のような線のようなものなのね…。

🙂 微分とは、この「接線の傾き」を求めるものにほかならないのです！

🙂 「微分は積分の逆演算」って話はどこへいったの…？

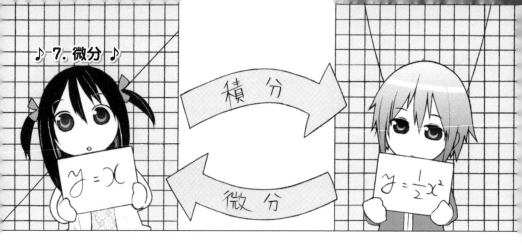

## ♪ 7. 微分 ♪

- ここで思い出して欲しいのは、直線（1次関数）を積分すると2次関数になったことです。

- うん。それがどうしたの？

- 積分の逆演算が微分ということは、2次関数を微分すると1次関数になるはずですね。積分のところで見たように、$y=x$ を積分したら、$\frac{1}{2}x^2$ になりました。これを逆にして考えてみると、$y=\frac{1}{2}x^2$ を微分すると $x$ になるということです。

- なるほど…。

- 積分は

$$y = x^n \quad \xrightarrow{積分} \quad \frac{1}{n+1}x^{n+1}$$

という形だったことを思い出してください。この関係を逆さまにして、$y=x^2$ や $y=x^3$ の微分を求めてみるとこのようになります（図3-12）。

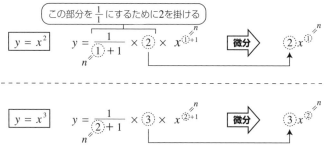

●図3-12　$y=x^2$ や $y=x^3$ の微分を積分の逆として考える

🧒 積分の式を逆に考えることで微分が求められるんだね～！

👩 そうですね。でも、毎回こう考えるのも大変なので、上の図から法則性を導き出しましょう。$y=x^2$ の微分結果が $y=2x$、$y=x^3$ の微分結果が $y=3x^2$ になったことから考えると $y=x^n$ の形の関数を微分すると、微分された関数は

$$y = x^{n+1} \quad \xRightarrow{微分} \quad (n+1)x^n$$

あるいは $n$ を $(n-1)$ で置き換えると

$$y = x^n \quad \xRightarrow{微分} \quad nx^{n-1}$$

という関係になるといえます。

🧒 おぉ～。スッキリしたね！

👩 これをふまえて、2次関数 $y=x^2$ の接線について調べてみましょう。$y=x^2$ を微分すると $2x$ になることは先ほど確認しました。微分の結果は傾きを求める関数ですので、この式に $x$ の座標を代入して傾きを求めてみましょう。$x=1$ をこの式に代入すると $2$ に、$x=2$ を代入すると $n$ その傾きが $4$ になっていることから、それぞれの点における接線の傾きは $2$ および $4$ になっていることがわかります（図3-13）。

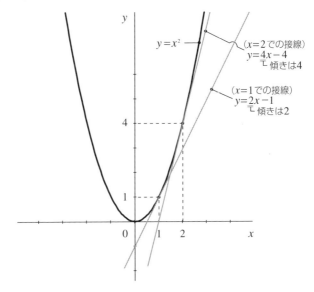

●図3-13　$y=x^2$ の接線の傾き

🧑 ここで図を眺めながら想像力を働かせると、$y = x^2$ の関数に対する接線の傾きの式は、その $x$ の値を $2$ 倍にしたものになっているといえそうです。

🧑 うん。そんな感じだね。

🧑 これを接線の式として書くと…

$$\underset{あるいは}{\overset{\text{ディー・ディー・エックス エックス・二乗}}{\frac{d}{dx} x^2}} = 2x$$

$$(x^2)' = 2x$$

のようになります。この結果の式 $2x$ も $x$ の関数になっており、元の式の「導関数」と呼ばれています。

🧑 $(x^2)'$ は何…？

🧑 $(\ )'$ も「微分をします」という意味の記号なんですよ。$y = f(x)$ の微分は $\frac{d}{dx} f(x)$ と書きますが、簡単に表記するために $(\ )'$ を使う場合もあります。$(\ )'$ は「ダッシュ」とか「プライム」と呼ばれていますが、日本語では「…の微分」といった方がはっきりしてわかりやすいですね。

🧑 $(x^2)'$ て書いてあったら「$x^2$ の微分」という意味ってことね…。

🧑 ちなみに、微分はたいていの関数で計算ができますが、積分の方は関数を見てすぐに計算できるというものではありません。しかし、積分が微分の逆の演算であることから、微分の結果がわかっているものの積分は当然簡単に求めることができます。ある関数を、何か元の関数を微分したものとみた場合、その元の関数を「原始関数」といいます。定積分の計算で角カッコの中に書いた関数は、この原始関数だったわけです。なお、原始関数を求めることこそが不定積分に他なりません。

🧑 「不定積分」もここで出てくるんだね〜。

## ♪ 8. 三角関数の微分 ♪

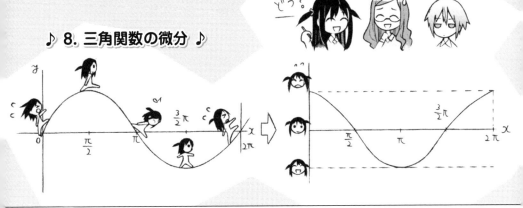

🙂 それでは、正弦関数の微分を調べてみましょう。

🙂 正弦関数の微分…ってことは、正弦関数の各点での接線の傾きがどうなってるのかってことね。

🙂 はい♪ まず、$y = \sin x$ という関数について考えてみましょう。$x = 0$ での接線の傾きは $+1$ になっています。だんだんと $x$ が増加するにしたがって傾きが小さくなっていきます。すなわち微分の値は $x$ が増加するにしたがって徐々に小さくなっています（図3-14）。

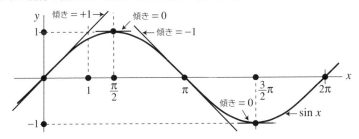

●図3-14　$y = \sin x$ の各点での接線の傾きを考える

🙂 $x = \frac{\pi}{2}$ になったところで接線の傾きは $0$ になり、さらに $x$ が増加すると今度は傾きが右下がりになり、負（マイナス）の傾きになって徐々に傾きが大きくなっていきます（マイナスの傾きが大きくなるので、数値としては小さくなりますね）。そして、$x = \pi$ のところで最大の傾き（$-1$）になり、$x = \frac{3\pi}{2}$ のところでまた傾きが $0$ になります。さらに、再び傾きが正（プラス）に変わって、$x = 2\pi$ のところで $+1$ の傾きになります。こんな具合に繰り返していきます。この傾きの変化をグラフ化するとこのようになります（図3-15）。

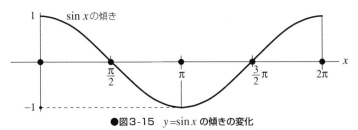

●図3-15　$y=\sin x$ の傾きの変化

🙂 これまた「波形」になってんだねぇ～。

😊 こないだも観覧車を例にお話しましたが、さっき本物の観覧車に乗ったときのことを思い出してください。

😐 ジェットコースターの前に乗ったね～。

😌 うん…。

😊 「傾きの変化」は先ほど見たように一定ではありません。観覧車のゴンドラが軸の高さになったところから考えてみると、はじめのうちはどんどん高くなっていきますが、頂上付近にくると、しばらく頂点にとどまっているようにほとんど高さが変化しません。そこから、だんだんと高さが下がっていくと、今度は軸と同じ高さになったとき下降する速さが一番速くなり、一番下に来たところで再び高さの変化は少なくなります（図3-16）。

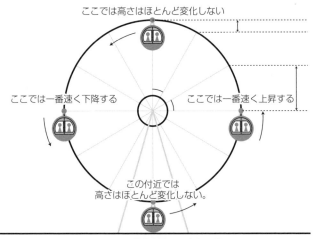

●図3-16　観覧車で高さの変化を考える

😐 あ〜。確かに、下でゴンドラに乗るときとか頂上に近づいたときはゆっくり動いてる気がするけど、上るときと下がるときはグングン景色が変わってくね〜。

😊 イメージできました？ ゴンドラは一定の速さで回転しているけど、高さの変化という見方をすると、一番下と一番上では高さの変化がほとんどなく、中程では高さの変化の速さが大きいということがわかります。この高さの変化をグラフ化したものが正弦関数になることは覚えてますね（図3-17）。

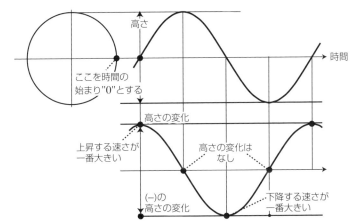

●図3-17 「ゴンドラの高さ」と「高さの変化」をグラフ化する

😊 この「高さの変化」が元の正弦関数を微分した関数である「導関数」になるわけですが、この形のグラフに見覚えはありませんか？

😐 …余弦関数。

😊 そう！ すなわち正弦関数（sin関数）を微分すると余弦関数（cos関数）になるのです！
このことを式に書くと…

$(\sin x)' = \cos x$

になります。いい換えると、cosの原始関数はsinです。

😐 へぇ〜！

😊 ここまで数式を使わず、グラフを見ながら感覚的に説明してきました。そこで、少し数学的に図を使いながらこれまでのことを確かめてみましょう。

😐 数学的ぃ〜…。

大丈夫ですよ。今までのことを踏まえて、頑張ってみましょう！
　まず、単位円を4分の1だけ取り出した図で考えてみましょう。$x$軸から$\theta$（ラジアン）の位置にある点Aの高さ「$y$」は、こないだ三角関数をやったときお話したように

$$y = \sin\theta$$

です。このとき$\theta$が少し（$d\theta$）だけ増加し点Bまで移動したとすると、高さの変化分は三角関数の定理を利用し、次の図のように考えることができます（図3-18）。

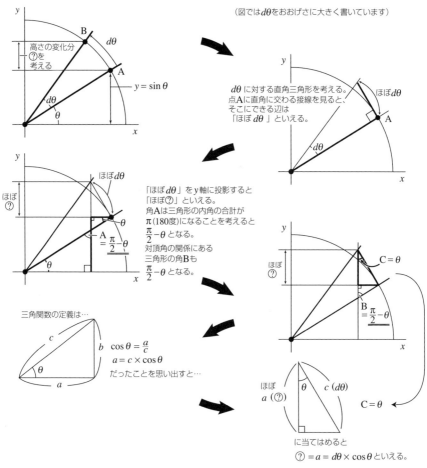

●図3-18　高さ「$y$」の変化を求める

🧑 このように高さの変化分は

$d\theta \times \cos\theta$

となります。
ここで「ほぼ$d\theta$」や「ほぼ⑦」のようなあいまいな表現をしても問題ではないのは、微少な変化量を考え、その極限値では正しい値になるからです。このように高さ「$y$」の変化は、その点の角度$\theta$のcos関数になっていることがわかります。

🧑 高さ$y$はsin関数だったけど、変化分を見てみる……つまり微分してみると$d\theta\times\cos\theta$というcos関数になるってことだね。

🧑 わずかな$y$の変化、すなわち$\sin\theta$の変化を$d(\sin\theta)$と書くと、

$d(\sin\theta) = d\theta\cos\theta$

となっています。$\theta$の微少変化$d\theta$で両辺を割ると（この割算ができることの数学的な証明は省略します）

$$\frac{d(\sin\theta)}{d\theta} = \cos\theta$$

となって、$\sin\theta$の各点での接線の関数が$\cos\theta$になることがわかりました。
では、cos関数の導関数はどうなっているか調べてみましょう。
$y=\cos x$は、$x=0$のとき傾きが0で、だんだんとマイナスの傾きが大きくなっていき、$x=\frac{\pi}{2}$のところで最大の（−1）の傾きになって、$x=\pi$のところで傾き＝0になって…、あとは同じような形で傾きがプラスになっていくことが想像できます。
この形はちょうど$y=\sin x$を$x$軸で裏返したようになっています（図3-19）。

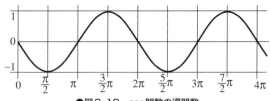

●図3-19 cos関数の導関数

🧑 すなわち、$y=\cos x$の導関数は$-\sin x$ということになります。これも、先ほどの図で考えると、ちょうど$x$と$y$とを入れ替えた状態になっているので、sinとcosを入れ替えたようになっています。しかし、$\theta$が増加するにしたがって、$x$は減少していくのでマイナスの符号がつきます（図3-20）。

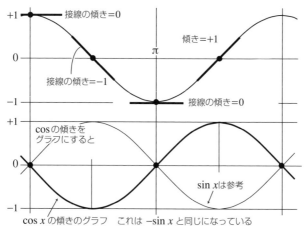

●図3-20 $y=\cos x$の導関数の考え方

- なるほど〜。sinとcosは何かといって仲がいいねぇ。

- 私たちもずっと仲良くやっていきましょうね♪
 さて、この関係を式にすると…
 $(\cos x)' = -\sin x$
 となります。また、この式の左右両方にマイナスをつけると…
 $(-\cos x)' = \sin x$
 となるので、サイン関数の原始関数、すなわち積分した関数はマイナスのコサインということになります。

- う〜ん…。混乱するぅ〜。

- ちょっとごちゃごちゃしてきちゃったので、三角関数の微分と積分の関係をまとめると…

$$(\sin x)' = \cos x \quad \cdots \sin x \text{を微分すると } \cos x \text{ になる}$$
$$(\cos x)' = -\sin x \quad \cdots \cos x \text{を微分すると} -\sin x \text{ になる}$$
$$\int \sin x\, dx = -\cos x \quad \cdots \sin x \text{を積分すると} -\cos x \text{ になる}$$
$$\int \cos x\, dx = \sin x \quad \cdots \cos x \text{を積分すると } \sin x \text{ になる}$$

のようになります。図と一緒に見るとよくわかります。

- お〜。これならスッキリ！図とあわせて考えればイメージしやすいものだね！

## ♪ 9. 三角関数の定積分 ♪

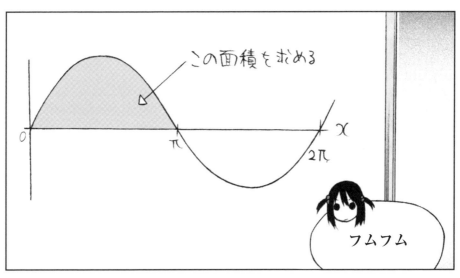

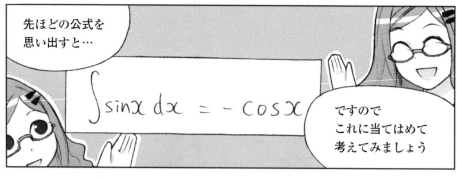

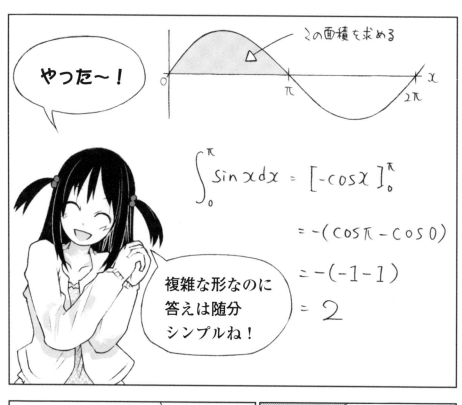

◆第4章◆

# 関数の四則演算

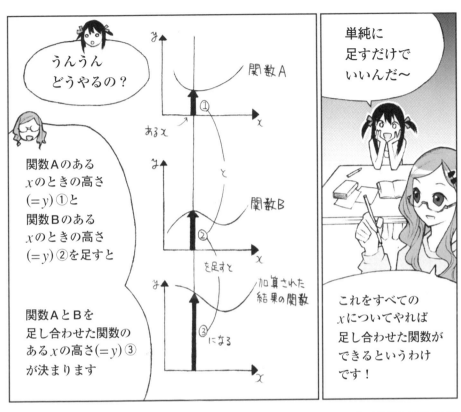

## ♪ 2. 関数同士の足し算 ♪

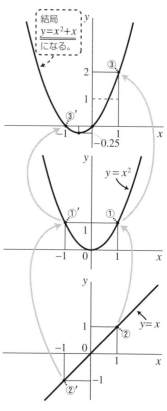

では、まずは先ほど例にあげた関数同士の足し算を具体的な関数を使ってやってみましょう。

はーい！

ここでは $y=x^2$ と $y=x$ という2つの関数について考えてみましょう。すべての $x$ においての $y$ の値を求めることは不可能ですので、少しだけ計算してみることにしましょう。

うんうん。

まずは結果を描いた図から見てみましょう。ここでは結果の関数を一番上に、真ん中に $y=x^2$ を、一番下に $y=x$ という順番で描いてますので注意して見てください（図4-1）。

計算手順を見ながら確認していきましょう。まず $x=1$ の点について考えてみましょう。$y=x^2$ に $x=1$ を入れる（代入する）と、$y=1$ になります（①）。また $y=x$ にも同様に $x=1$ を代入すると $y=1$ になります（②）。したがって、これらを加算すると $1+1=2$ となって、加算された関数の値は $2$（③）になります。

●図4-1　$y=x^2$ と $y=x$ の加算

第4章◆関数の四則演算

😐 そのままだ…。

😊 簡単でしょ？ つぎに、$x=0$ の点の値を調べてみると、どちらの関数の値も 0 なので、加算された結果も 0 になります。

もう一つ調べておきましょう。$x=-1$ の点を計算します。$y=x^2$ に $x=-1$ を代入すると、$y=1$ になります（①'）。また $y=x$ にも同様に $x=-1$ を代入すると $y=-1$ になります（②'）。したがって、これらを加算すると $1+(-1)=0$ となって、加算された関数の値は 0 になります（③'）。

😊 こうやって $x$ について計算していくと、$y=x^2$ と $y=x$ の足し算されたグラフが描けるんだね…。

😊 そういうことですね。この関数同士の足し算の場合は、はじめから関数を足し合わせることができるんです。つまり、$y=x^2$ と $y=x$ を加えて

$$y=x^2+x$$

とすることができるんです。

## ♪ 3. 関数同士の引き算 ♪

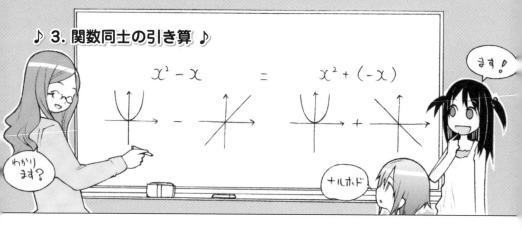

🙂 今度は、先ほどと同じ2つの関数 $y=x^2$ と $y=x$ を使って、関数同士の引き算を考えてみましょう。つまり、$y=x^2$ から $y=x$ を引いた関数を求めるということですね。

😐 足し算と違ってイメージしづらいね…。

🙂 確かにそうですね。だったら足し算にしちゃいましょうか？

😮 ん！？ どういうこと？

🙂 減算というのは「引き算するほうの関数の符号をひっくり返して加算すること」と考えることもできるんですよ！ $1-1$ も $1+(-1)$ も結果は同じ「0」ですよね。関数の場合も理屈は同じです。ただし、引くほうの符号が反対になるところだけ注意してくださいね。

😊 なるほど〜。

🙂 ここでもまず図を見てみましょう（図4-2）。

😊 $y=x$ を $y=-x$ にして、それを $y=x^2$ に足すんだね！

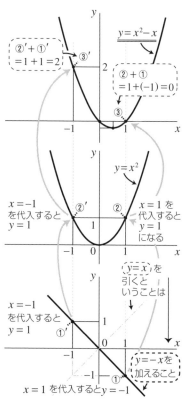

● 図4-2　$y=x^2$ から $y=x$ の減算

🙂 そういうことです♪ 先ほどと同様に $x$ のいくつかの値について見てみましょう。まずは $x=1$ の点を見てください。$y=-x$ にも同様に $x=1$ を代入すると $y=-1$ になります（①）。また $y=x^2$ に $x=1$ を代入すると $y=1$ になります（②）。したがって、これらを加算すると $1+(-1)=0$ となり、加算された関数の値は $0$ になります（③）。

🙂 なるほど…。

🙂 次に、$x=0$ の点の値を調べてみると、どちらの関数の値も $0$ なので、加算された結果も $0$ になります。
さらに $x=-1$ の点を計算します。$y=-x$ にも同様に $x=-1$ を代入すると $y=+1$ になります（①'）。
また $y=x^2$ に $x=-1$ を代入すると、$y=1$ になります（②'）。したがって、これらを加算すると $1+1=2$ となって、加算された関数の値は $2$ になります（③'）。

🙂 足し算と同じだ…。

🙂 そう考えると難しいことはありませんね♪ この関数同士の減算は、$y=x^2$ に $y=-x$ を足すと考えて
$y=x^2+(-x)$　つまり
$y=x^2-x$
とすることができます。

## ♪ 4. 関数同士の掛け算 ♪

🙂 次は関数の積をやってみましょう。関数の足し算は「あるxでの、それぞれの関数の値を加えればいい」ということをだったのを思い出すと、関数の積はそれぞれの関数の同じ$x$での値同士を掛け算すればいいということになります。

🙂 考え方は同じなんだねー。

🙂 まずは簡単な関数同士の例で見てみましょう。たとえば、$y = x^2 - 2$ という関数と $y = x$ という関数を掛け合わせた場合はこのようになります（図4-3）。

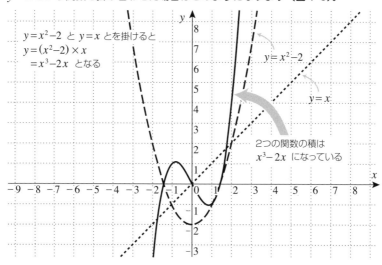

●図4-3　$y=x^2-2$と$y=x$の積

🧑 不思議な形のグラフになるんだねぇ〜。

👩 このような簡単な関数の場合は、掛け算の結果は
$y = (x^2 - 2) \times x$　つまり、
$y = x^3 - 2x$
という関数になるんですよ。

🧑 簡単な関数じゃない場合は…？

👩 そうですね、三角関数同士の掛け算なんてちょっと複雑そうですね。具体的な例題で見てみましょう。たとえば、$y = \sin x$と同じ$y = \sin x$を掛けてみましょう。すると、結果はこうなります（図4-4）。

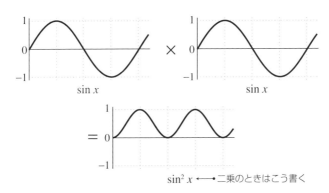

●図4-4　$y = \sin x$と$y = \sin x$の積

👩 $y = \sin x$と$y = \sin x$を掛けるということは、$y = \sin x \times \sin x$　つまり、$\sin x$を二乗するということになり、$y = (\sin x)^2$、これを
$y = \sin^2 x$
と書くことを思い出して下さい。

🧑 後ろのほうの「凹」が「凸」になっちゃったよ！

👧 凹が凸って…。

👩 どうしてだと思います？

👧 マイナス同士を掛けると…。

😀 プラスになるからか！

😀 そう！ 負の数同士を掛け算すれば正の数になるんでしたね。
この積の関数の形を見ると、「周期」つまり山・谷のセットの数は2倍になって、「振幅」つまり山・谷の高低差は半分、さらに高さは$\frac{1}{2}$上がっていることがわかります。

😀 へぇ～。

😀 それでは、もう一つ、三角関数同士の積、$y=\sin x$と$y=\cos x$の掛け算のグラフを見てみましょう（図4-5）。

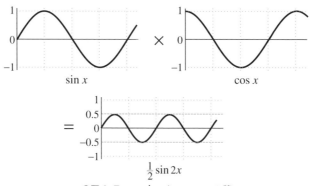

●図4-5　$y=\sin x$と$y=\cos x$の積

😀 えっと…。$y=\sin x$と$y=\cos x$を掛けると$y=\frac{1}{2}\sin 2x$なんて関数になるんだ～…。

😀 この積の関数の形を見ると、周期は元の関数の2倍で、振幅は半分、高さ方向には移動がなく、全体の振幅の中心線は0になっていることがわかります。逆に読み解けば、できたグラフが$y=\sin x$の周期の2倍だったので、$x$の前に2を入れ、振幅は半分だったので$\sin$の前に$\frac{1}{2}$を書き、$\frac{1}{2}\sin 2x$となるということです。

😀 へぇ～…。

😀 式の中で$\sin$の前や後ろにつく数字にはグラフにしたときにどんな意味があるでしょうか？ それをまとめてみるとこのようになります（図4-6）。

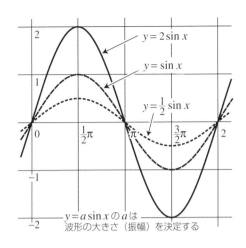

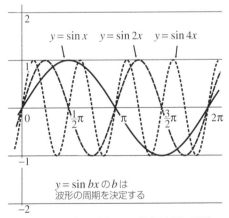

●図4-6　sinの前後につく数字と波形の関係

🐱 sinの前につく数字によって振幅が変わって、後につく数字によって周期が変わるんだね。

😊 今までのやり方は、ある関数と別の関数のいろいろな$x$について足したり引いたりした結果を求め、結果のグラフを描き、そこから関数の式を導き出してきました。が、やってみてわかるとおり、このやり方は手間がかかりあまりスマートではありません。そこで「公式」を利用するわけです。例えば、教科書にはこんな公式が出てきてたはずです…

| | |
|---|---|
| 正弦の加法定理 | $\sin(\alpha+\beta) = \sin\alpha\cos\beta + \cos\alpha\sin\beta$ |
| | $\sin(\alpha-\beta) = \sin\alpha\cos\beta - \cos\alpha\sin\beta$ |
| 余弦の加法定理 | $\cos(\alpha+\beta) = \cos\alpha\cos\beta - \sin\alpha\sin\beta$ |
| | $\cos(\alpha-\beta) = \cos\alpha\cos\beta + \sin\alpha\sin\beta$ |

あったあった！

私たちはフーリエ変換に必要な知識のみを凝縮して説明していくので、数学的な公式の成り立ちや意味などはここでは割愛しますね。

「正弦の加法定理」と「余弦の加法定理」を組み合わせることで、三角関数の積や和を求める公式を導き出すことができます。それが「積和の公式」と「和積の公式」です。

積和の公式

$$\sin\alpha\cos\beta = \frac{1}{2}\{\sin(\alpha+\beta) + \sin(\alpha-\beta)\}$$

$$\sin\alpha\sin\beta = -\frac{1}{2}\{\cos(\alpha+\beta) - \cos(\alpha-\beta)\}$$

$$\cos\alpha\cos\beta = \frac{1}{2}\{\cos(\alpha+\beta) + \cos(\alpha-\beta)\}$$

和積の公式

$$\sin\alpha + \sin\beta = 2\sin\frac{\alpha+\beta}{2}\cos\frac{\alpha-\beta}{2}$$

$$\sin\alpha - \sin\beta = 2\cos\frac{\alpha+\beta}{2}\sin\frac{\alpha-\beta}{2}$$

$$\cos\alpha + \cos\beta = 2\cos\frac{\alpha+\beta}{2}\cos\frac{\alpha-\beta}{2}$$

$$\cos\alpha - \cos\beta = -2\sin\frac{\alpha+\beta}{2}\sin\frac{\alpha-\beta}{2}$$

$\sin(\alpha+\beta)$と$\sin\alpha+\sin\beta$の違いってなんなの〜？

😀 $\sin(\alpha+\beta)$ は、角度 $\alpha$ と角度 $\beta$ を足した角度の $\sin$ の値で、
$\sin\alpha + \sin\beta$ はそれぞれの $\sin$ の値を加えたものです。たとえば、$\sin(\alpha+\beta)$ を考えた場合
$\alpha = \beta = \frac{\pi}{4}$ （＝45度）とすると
$\sin(\frac{\pi}{4} + \frac{\pi}{4}) = \sin(\frac{\pi}{2}) = 1$
となります（図4-7）。

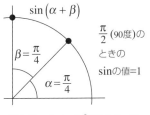

図4-7　$\sin(\alpha+\beta)$ のイメージ

😀 また、$\sin\alpha + \sin\beta$ を考えた場合

$$\sin\left(\frac{\pi}{4}\right) + \sin\left(\frac{\pi}{4}\right) = \frac{\sqrt{2}}{2} + \frac{\sqrt{2}}{2} = \sqrt{2} = 1.4142$$

となるということです（図4-8）。

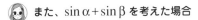
$\sin\alpha + \sin\beta$

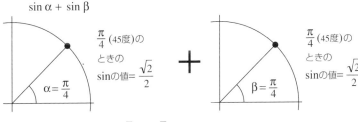

$$\frac{\sqrt{2}}{2} + \frac{\sqrt{2}}{2} = \sqrt{2} = 1.4142\ldots$$

図4-8　$\sin\alpha + \sin\beta$ のイメージ

😐 でも、計算大変そ…。

😀 一度覚えてしまえば、いちいちグラフを描くよりずっと楽ですよ！

😀 楽！　それならイイネ！！

😐 単純…。

😀 ためしにこの公式を使って、先ほどの $y=\sin x$ と $y=\cos x$ の積を求めてみましょう。
使う公式は…

$$\sin\alpha\cos\beta = \frac{1}{2}\{\sin(\alpha+\beta) + \sin(\alpha-\beta)\}$$

ですから、そこに $\alpha = x$ と $\beta = x$ を入れて、

$$\sin x \cos x = \frac{1}{2}\{\sin(x+x) + \sin(x-x)\}$$

$$= \frac{1}{2}\sin 2x$$

（sin 0 = 0 だから）

と、あっという間に答えが求まります。

おぉ〜！

## ♪ 5. 関数の積と定積分 ♪

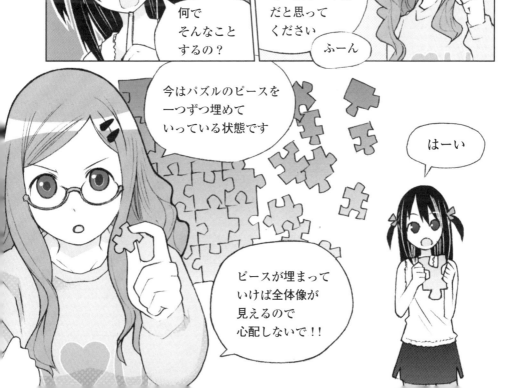

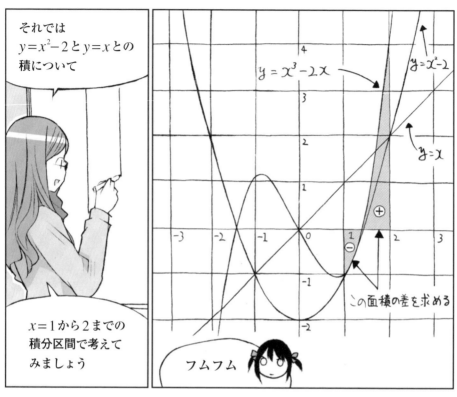

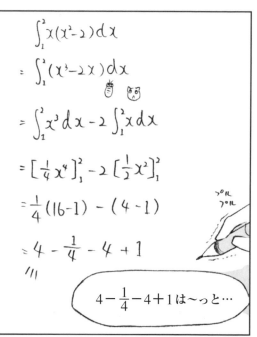

◆第5章◆

# 関数の直交

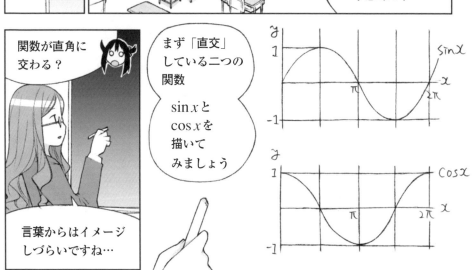

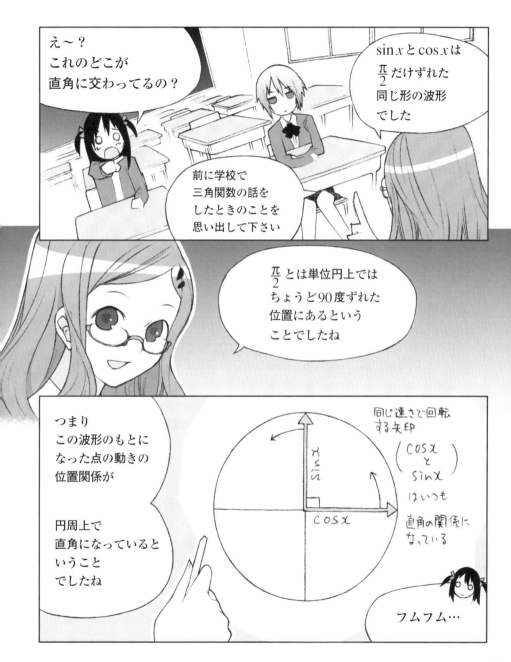

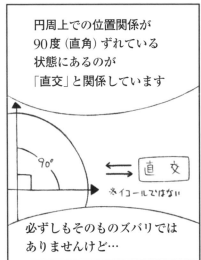

## ♪ 2. 直交する2関数をグラフから確認する ♪

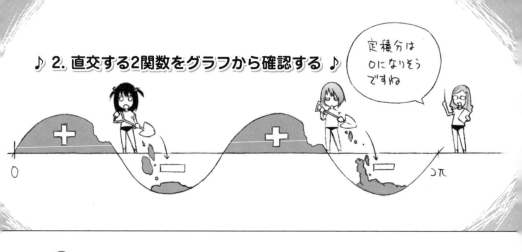

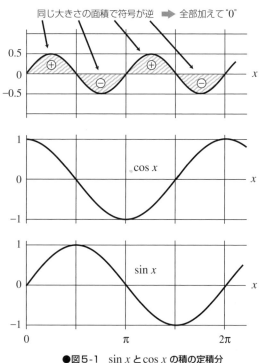

先ほど例にあげた $\sin x$ と $\cos x$ で考えてみましょう。まず、$y = \sin x \times \cos x$ のグラフを示します。中段には $\cos x$ を、下段には $\sin x$ を描いておきます（図5-1）。

●図5-1　$\sin x$ と $\cos x$ の積の定積分

🙂 一番上の $y = \sin x \times \cos x$ のグラフは、前回勉強した「積和の公式」

$$\sin \alpha \cos \beta = \frac{1}{2}\{\sin(\alpha + \beta) + \sin(\alpha - \beta)\}$$

からも、$\frac{1}{2}\sin 2x$ となることがわかります。

🙂 うんうん。この計算は前回もやったね。

🙂 ここでは $\sin x$ も $\cos x$ も周期（山と谷の1ペアー）は同じで、「1周期＝0から $2\pi$」とグラフから読み取れますので、その範囲で定積分を行います。結果、定積分に対応した面積を斜線で示しました。

🙂 同じ大きさの「山」と「谷」が2つずつ出てきてるね。

🙂 関数の値が負になる場合は、面積は同じでも定積分の値はマイナスになるんでしたね。つまり、定積分の結果は…。

🙂 0だ！

🙂 そういうことです♪ これで、グラフから $\sin x$ と $\cos x$ が「直交している」ことが確認できたというわけです！

## ♪ 3. 直交する2関数を計算で確認する ♪

$$\int_0^{2\pi} \sin x \cdot \cos x \, dx$$

念のため先ほどの例を計算して確認しましょう。計算式はこのようになります…。

$$\begin{aligned}
&\int_0^{2\pi} \sin x \cos x \, dx \\
&= \int_0^{2\pi} \left(\frac{1}{2}\sin 2x\right) dx \\
&= \frac{1}{2}\left[-\frac{1}{2}\cos 2x\right]_0^{2\pi} \\
&= \frac{1}{2}\left(-\frac{1}{2}+\frac{1}{2}\right) = 0
\end{aligned}$$

$\sin\alpha\cos\beta = \frac{1}{2}\{\sin(\alpha+\beta)+\sin(\alpha-\beta)\}$ なので

$\int \sin x \, dx = -\cos x$ なので、

ただし 積分される変数が $2x$ で
$$\int \sin(2x) \, dx \quad \text{積分変数が } x \text{ なので}$$
$$= \frac{1}{2}\int \sin(2x) \, d(2x) \quad \text{両方を } 2x \text{ に そろえる}$$
$$= -\frac{1}{2}\cos 2x$$

この計算式でも2つの関数を掛け合わせて定積分した結果が0になりましたね。つまり、$\sin x$ と $\cos x$ が「直交している」ことが計算で確認できたことになります♪ ここでは同じ周期の関数、$\sin x$ と $\cos x$ を例にあげましたが、周期が異なる関数の積の場合には、積分区間は周期の長い方の関数の1周期分で計算します。しかし、実際はとにかく0から$2\pi$までを積分します。なぜなら、0から$2\pi$までの区間で必ず周期の長い方の少なくとも1周期分にはなるからです。

どうして1周期分になるの?

それはですね、周期の長い方を基準として周波数を考えるからです。たとえば、sin関数が1周期のものと2周期のものとを重ねてみると2倍の波ができます。この場合「周期」が長いのは1周期の方です。

長い方の周期を1周期とすると、他が決まるってこと?

😊 そうですね。$\sin 2x$ とか $\sin 5x$ というものも、基準となる周期が $\sin x\,(=\sin 1x)$ を意識しているからなので、定積分するときには $\sin x$ の $0$ から $2\pi$ までの積分区間に相当した区間を定積分するということです。実際の計算では、$\sin 2x$ の $x$ に $0$ から $2\pi$ を単純に代入するだけで、周期のことを強く意識しなくても計算できてしまいます。

😊 なるほど…。

😊 それでは、ここまでのことを踏まえて他にも直交している組み合わせがあるかどうか調べてみることにしましょう。今度は $\sin x$ と $\sin 2x$ について調べてみます。これを掛け合わせた関数のグラフと式はこのようになります。積分の区間は $0$ から $2\pi$ です（図5-2）。

$$\int_0^{2\pi} \sin x \sin 2x\, dx$$

$\sin\alpha\sin\beta = -\dfrac{1}{2}\{\cos(\alpha+\beta)-\cos(\alpha-\beta)\}$ なので

$$= -\frac{1}{2}\int_0^{2\pi}\{\cos(3x)-\cos(-x)\}dx$$

マイナスを中に入れて（式の中が入れ替わる）

$$= \frac{1}{2}\int_0^{2\pi}\{\cos(-x)-\cos(3x)\}dx$$

$\cos(-x)=\cos(x)$ なので（グラフからも明らか）

$$= \frac{1}{2}\int_0^{2\pi}\{\cos(x)-\cos(3x)\}dx$$

$$= \frac{1}{2}\int_0^{2\pi}\cos x\, dx - \frac{1}{2}\int_0^{2\pi}\cos 3x\, dx$$

$\cos x$ を積分すると $\sin x$ になる

$\cos x$ も $\cos 3x$ も $0\sim 2\pi$ の積分は「0」になるので、ここまででも $\cos x$ と $\cos 3x$ の積分結果が「0」になることがわかる。

$$= \frac{1}{2}\Big[\sin x\Big]_0^{2\pi} - \frac{1}{2}\left[\frac{1}{3}\sin(3x)\right]_0^{2\pi}$$

前のページで簡単に説明した積分変数をそろえることでこのようになる

$\sin(2\pi)=0\quad \sin 0=0$ なので

$$= \frac{1}{2}(0-0) - \frac{1}{2}(0-0)$$

$$= 0$$

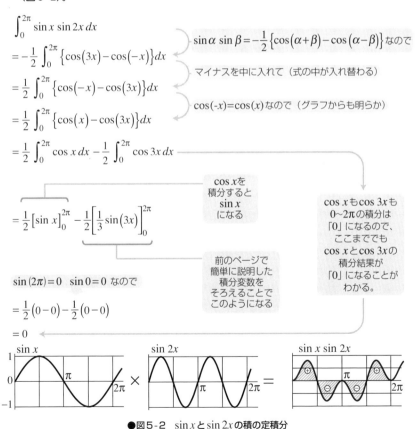

●図5-2　$\sin x$ と $\sin 2x$ の積の定積分

- これも同じ大きさで符号の違う形が繰り返されているから、やっぱり定積分の結果は「0」なんだね。

- 0ということは…「直交している」…。

- そういうことですね♪ このことから少し想像力を働かせますと、「周期の違う正弦関数はみんな直交している」ということができます。

- フムフム。

- 数学的ないい方をすれば、「$m$ と $n$ が異なる整数のとき、$\sin mx$ と $\sin nx$ は直交している」ということになります。

- $m$ と $n$ が同じじゃダメなんだ〜?

- そうですね。$m = n = 1$ のときは、前回勉強した $\sin x \times \sin x$、つまり $y = \sin^2 x$ の定積分になります。この結果は0ではないので、直交していません。このようにある関数が「自分自身と直交していない」ということは直感的にわかりますね。

- 確かに、円周上をまったく同じように回転する点は直角な位置関係じゃないもんね。

- もちろん $m$ と $n$ は1でなくても、等しければ直交にはなりません。なぜなら、0以外の関数を2乗すると、どの点を取っても負の値を持つことはなくなりますので、定積分の値は必ずプラスの値を持つからです。

- なるほど…。

- $\cos$ も同じような感じなの?

- いい質問です。結論からいってしまえば、$\cos$ も $\sin$ と同様に、$m$ と $n$ が等しいときだけ $\cos mx \times \cos nx$ の 0 から $2\pi$ の区間の定積分が値を持つけど、それ以外は0になります。
  つまり、「$\cos mx$ と $\cos nx$ も $m$ と $n$ が異なっているときには互いに直交している」ということです。

- $\sin mx$ も $\cos mx$ も、自分自身以外の周期とは直交してるんだね!

- さらに、さっき見たように $\sin mx$ と $\cos mx$ はどんな周期の関係であっても互いに直交しています!

## ♪ 4. $y=\sin^2 x$ の定積分 ♪

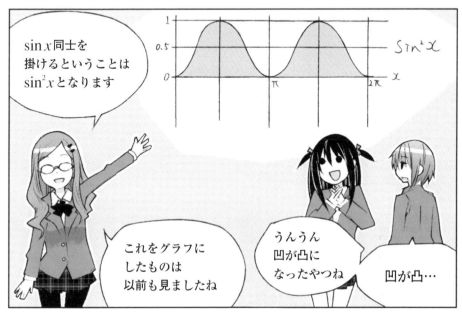

$$\int_0^{2\pi} \sin^2 x \, dx$$

$$= \int_0^{2\pi} \sin x \cdot \sin x \, dx$$

$\sin\alpha \sin\beta = \frac{1}{2}\{\cos(\alpha-\beta) - \cos(\alpha+\beta)\}$
なので（$\alpha = \beta$ として）

$$= \frac{1}{2} \int_0^{2\pi} \{\cos(0) - \cos(2x)\} \, dx$$

$\cos(0) = 1$ だから

$$= \frac{1}{2} \int_0^{2\pi} \{1 - \cos(2x)\} \, dx$$

◆第6章◆

# フーリエ変換を理解するための準備

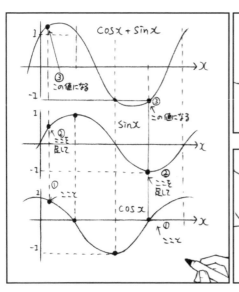

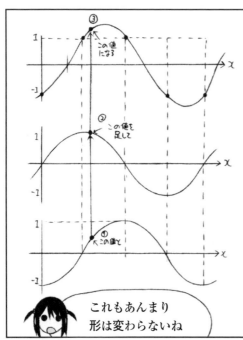

横の位置が変わってる…

そう！グラフの出発点つまり関数がマイナス側からプラス側に移るところが違っています

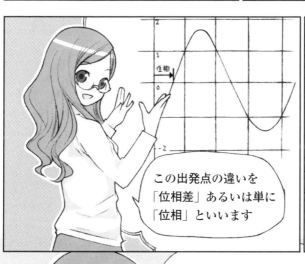

この出発点の違いを「位相差」あるいは単に「位相」といいます

へぇ〜

$a\cos x$ と $b\sin x$ を足すと位相が変化するんだね〜

自然界に存在する波形は必ずしも0から始まっているとは限りませんから…

位相を変化させるためには $\sin x$ と $\cos x$ を組み合わせる必要があるんですよ

まずはそのことから勉強していきましょう〜！

## ♪ 2. $a\cos x$ と $b\sin x$ の合成 ♪

🙂 $\sin x$ と $\cos x$ を使わないと位相を示せないの？

😊 例えば $\sin x$ の位相は $\sin(x+\theta)$ という形で $\theta$ を変化させれば示すことができます。しかし、その場合無限に $\theta$ を用意しなくてはなりません。これでは波形の合成をするのにも、分析をするのにもあまりにも大変です。

🙂 なるほど…。

😊 そこで、個別の関数をそのままの形で扱うのではなく、ある「直交する関数の組み合わせ」として扱う考え方が必要となってくるわけです。実際には、$\sin x$ と $\cos x$ というたった 2 つの関数で、いろいろな位相の $\sin(x+\theta)$ が作れます。ここでいくつか具体的な例を見てみましょう。たとえば、$a=\frac{1}{2}$ と $b=1$ の場合はこうなります（図6-1）。また、$a=1$ と $b=\frac{1}{2}$ の場合はこのようになります（図6-2）。

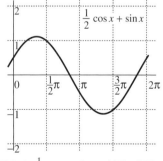
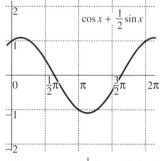

●図6-1　$\frac{1}{2}\cos x + \sin x$ の波形の位相　　●図6-2　$\cos x + \frac{1}{2}\sin x$ の波形の位相

第6章◆フーリエ変換を理解するための準備

😀 sinとcosの2つだけで表せるということは、この2つの「直交」という性質によっています。「直交している」ということは「他方を表すことができない」という性質を利用しているのです。

😐 どういうこと…？

😀 簡単な例でお話しましょう。様々な関数を描く場合、その基準として、$x$軸と$y$軸が直角に交わったグラフを描きますね（図6-3）。

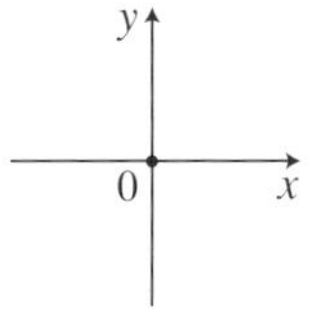

●図6-3
$x$軸と$y$軸が直角に交わったグラフ

😆 エリナのお話の中でもたくさん登場しているよね！

😀 このグラフも見方を変えれば「$y=0$」という定数式が$x$軸で、「$x=0$」という定数式が$y$軸となります。つまり、$x$軸と$y$軸の基本的なグラフは、定数式$x=0$と$y=0$が直交しているグラフだということです。

😮 おぉ、なるほど。でも、直角に交わってるだけだから当たり前といえば当たり前の気がするね。

😀 すごく当たり前な話を、あえて回りくどく説明しますので注意してくださいね。
$x$軸（$y=0$）は、$y$軸（$x=0$）を定数倍しても表すことはできません。0は何倍したところで0のままですので、$x$軸上の適当な値（たとえば$x=5$）は、$x=0$（$y$軸）を何倍したところでも作れません。$y$軸の場合も同じです。これが「直交している」ということは「他方を表すことができない」ということの意味です。普段、何気なくグラフの軸を直角に交わるように描いていますが、平面を2つの変数、$x$と$y$の一方が他方の関数になり得ないように表した結果、必然的にそうなったというわけなんですね。

😐 $x$軸と$y$軸が直交しているというのは、直交するように意識して描いたからなのかぁ…。だから、それを基準として、いろいろな点の座標が示せるのね。

😀 今のことを踏まえて話を sin と cos に戻しますと…。たとえば、$\cos x$ という関数を、$b \sin x$ の $b$ を変化させても作り出すことはできません。

😆 $\cos x$ も同様ってこと？！

😀 そういうことです♪ $\sin x$ を $a \cos x$ の $a$ をどう変化させても作り出せません。さらに、ちょっと先走ってしまうと、$\sin 3x$ も $\sin x$ からは作れません。これは、$\sin x$ と $\sin 3x$ が直交しているためです。$x$軸と$y$軸のときは、直交しているのは2つだけだ

163

ったけど、$\sin x$ や $\sin 2x$ や $\sin 3x$ 等々…は、みんな必要なお互いに直交している関数なのです。$\cos x$ と $\cos 2x$、$\cos 3x$ … と $\cos$ 同士も周期が違うもの同士が直交しています。また、$\cos nx$ と $\sin nx$ は周期が同じでも直交しています。

お互いに直交する関数を組み合わせることで、いろいろな関数を作ることが出来ます。他の三角関数で作り出すことができない、互いに直交するそれぞれの三角関数は、いろいろな波形を作り出す基本単位として存在意義があるんですよ。

さて、話を元に戻しましょう。$\sin x$ と $\cos x$ の大きさ（$a$ と $b$）によって合成された波形は振幅も変わります。これは、$\sin x$ と $\cos x$ の組み合わせを、円周上を回転しているベクトルに置き換えると理解しやすいでしょう。

ベクトルって「→」を描くアレ…？

そうですね♪　ベクトルとは、簡単にいえば力の向きとその大きさを示したものです。今、$a$ と $b$ というベクトルがあったとします。$a$ と $b$ を基に平行四辺形（いま例題で取り上げている $\sin x$ と $\cos x$ は直交しているので長方形）を作り、その対角線を求めることで、その2つを合成したベクトルを求めることができます（図6-4）。

●図6-4　ベクトル $a$ と $b$ の合成

物理の教科書でも見たことあるね！

ベクトルは物理学の世界でもよく使われるものですからね。
　さて、$\sin x$ と $\cos x$ を、それぞれ半径が $a$ と $b$ の円周上をいつも $\frac{\pi}{2}$（90度）ずれた状態で回転しているベクトルと考え、その合成を考えてみましょう。$\sin x$ と $\cos x$ は直交しているので、この場合は平行四辺形が長方形になりますね。（図6-5）。

注）$\vec{a}$ を $a$、$\vec{b}$ を $b$ と表現しています。

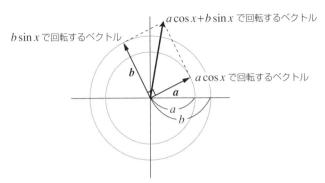

●図6-5　直交しながら回転する2つのベクトル $a\cos x$ と $b\sin x$ の合成の概念

🙂 おぉ！ 本当だ！

😊 このようにベクトルを使って表現することによって、合成された $a\cos x + b\sin x$ の大きさ（ベクトルの長さ）を読み取ることができます。

😟 …大きさの値がわかるってこと？

😊 わかりますよ〜！ ピタゴラスの定理を思い出してください。

🙂 ピタゴラスの定理って、確か…

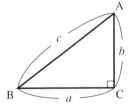

$$a^2 + b^2 = c^2$$

ってやつだったね。

😊 ピタゴラスの定理を適用してみましょう（図6-6）。

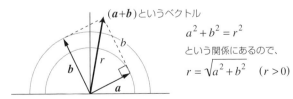

$$a^2 + b^2 = r^2$$

という関係にあるので、

$$r = \sqrt{a^2 + b^2} \quad (r > 0)$$

●図6-6　ピタゴラスの定義をベクトル合成に応用する

🧑 合成された $(a+b)$ というベクトルは、半径 $(r)$ の円に対応します。つまり、
$$a^2 + b^2 = r^2$$
という関係であることがわかります。この式を読み替えると
$$r = \sqrt{a^2 + b^2}$$
となります。

👧 $a\cos x + b\sin x$ の大きさは $\sqrt{a^2+b^2}$ になるんだね！

👩 そういうことです♪
たとえば、$a=2$ と $b=2$ の波形を考えてみます。すると
$$r = \sqrt{2^2+2^2} = \sqrt{8} = 2\sqrt{2} = 2.82842712\cdots$$
となります。つまり、$2\cos x + 2\sin x$ の波形の大きさ（振幅）は「$2.82842712\cdots$」になるということです（図6-7）。

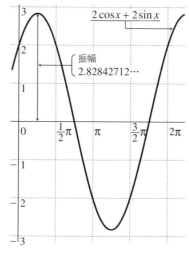

●図6-7　$2\cos x + 2\sin x$ の振幅

👩 このように、$a$ と $b$ を適当に組み合わせることで、周期を変えることはできませんが、振幅と位相は自由に作り出すことができるんですよ！

👧 へぇ～。周期は同じでもいろんな形の波形ができるんだねぇ。

😀 つまり、$\sin nx$ と $\cos nx$ とを合成すると位相は変化するけど周期は変わらない、ということです。$\sin x$ と $\cos x$ を合成したときは1周期、$\sin 2x$ と $\cos 2x$ を合成したときは2周期、$\sin nx$ と $\cos nx$ を合成したときは $n$ 周期となります。この $n$ 周期は以前お話した $\omega$（角周波数）に対応しています。また、$r$ と合わせればスペクトルが示せます！（図6-8）

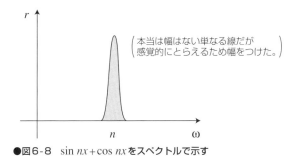

●図6-8　$\sin nx + \cos nx$ をスペクトルで示す

😀 $\omega$ って「周波数」として見ることができるんだったね！

😀 そういうことです♪

## ♪ 3. 違う周期の三角関数を合成する ♪

今度は違う周期の三角関数を足し合わせてみることにしましょう。三角関数の組み合わせにより、ある関数の式を表すという概念は、後でやる「フーリエ級数」の話に繋がっていきますが、ここではとりあえず、パソコンと関数からグラフを書けるソフトを用いて、簡単にグラフを確認するだけにしましょう。

はーい！

まずは $\sin x + \sin 2x$ です（図6-9）。

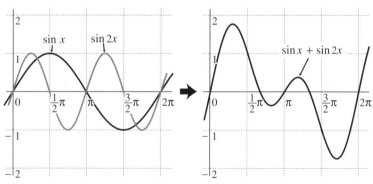

●図6-9 $\sin x + \sin 2x$ のグラフ

$\sin x + \sin 2x + \sin 3x$ ではどうなるでしょうか（図6-10）。

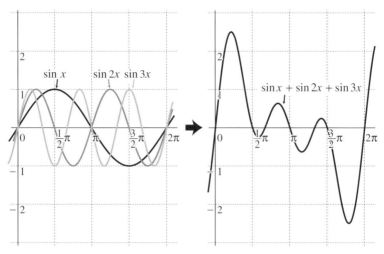

●図6-10 $\sin x + \sin 2x + \sin 3x$ のグラフ

$\sin x + 0.5\cos 2x$ なんてのはどうなるでしょうか（図6-11）。

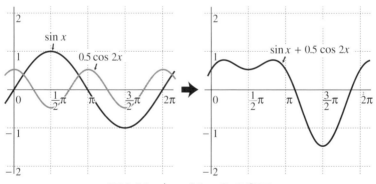

●図6-11 $\sin x + 0.5\cos 2x$ のグラフ

最後に $\sin x + 0.5\cos 3x + 0.5\sin 3x$ を見てみましょう（図6-12）。

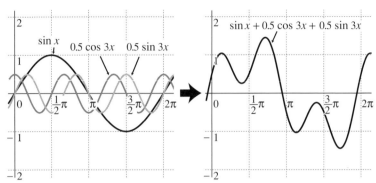

●図6-12　$\sin x + 0.5\cos 3x + 0.5\sin 3x$ のグラフ

sinとcosを組み合わせると、いろいろな形のグラフを作り出すことができるんだね〜！

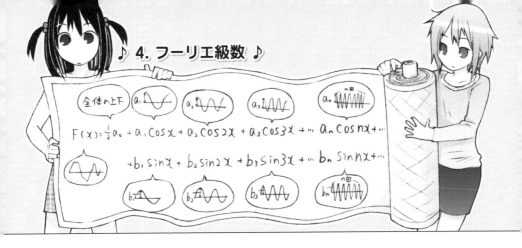

## ♪ 4. フーリエ級数 ♪

😊 先ほどの例では、sinやcosを3つまでしか足し合わせませんでしたが、これをいくつもいくつも足し合わせることで、もっと複雑な関数を作り出すことができるんですよ。

😐 へぇ〜。でも、たくさんの関数を足し合わせるのって、それこそパソコンとか使わないと無理そうだねぇ。

😊 確かにパソコンを使えば効率的に計算することができますが、まずはその「理論」を理解することが重要ですよ。その理論が「フーリエ級数展開（フーリエ級数）」です！フーリエ級数展開を公式として書くと、次のようになっています。

$$F(x) = \frac{1}{2}a_0 + a_1\cos x + a_2\cos 2x + a_3\cos 3x + \cdots + a_n\cos nx + \cdots$$
$$+ b_1\sin x + b_2\sin 2x + b_3\sin 3x + \cdots + b_n\sin nx + \cdots$$
$$= \frac{1}{2}a_0 + \sum_{n=1}^{\infty}(a_n\cos nx + b_n\sin nx)$$

😖 おぉ、公式があるのか！？　って、なんだか難しそうな式だなぁ…。数学記号が出てくると頭が痛くなってきちゃう！

😊 まぁ、そういわず式の見方を考えてみましょう〜。

まず、式全体の見方を説明しますね。この式は、左辺の$F(x)$という関数が、右辺のような$\cos$と$\sin$の合成された形により表すことができる、という意味になります。当然、$F(x)$がどんな関数かにより、$a_0, a_1, \cdots a_n, \cdots, b_1, \cdots b_n, \cdots$も変化します。

ここでは、$F(x)$と$a_0, a_1, \cdots a_n, \cdots, b_1, \cdots b_n, \cdots$の関係はおいておいて、合成の意味を考えていきましょう。式の最初についている$\frac{1}{2}a_0$ですが、これはその後に続く三

角関数により合成された波形を全体に上下に移動させることができるようにするために入っていると考えて下さい。

> $y=ax+b$ でいうところの「$b$」みたいなもののことかぁ～。式の後ろに出てくる「Σ」ってのはどんなのだっけ？

> 数学記号「Σ（シグマ）」は上の式で表されるすべての足し算を一まとめにした「総和」を表すものです。Σ の計算方法を簡単な例で示すと次のようになります（図6-13）。

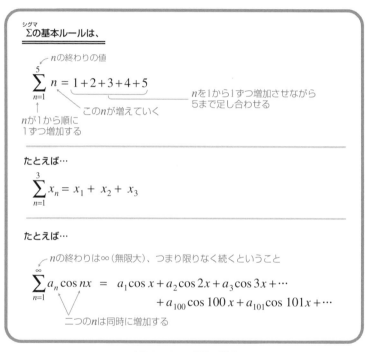

●図6-13　Σ記号の説明

> フーリエ級数展開のΣの中にも$n$という文字がありますが、この$n$が「振幅を決める前につく数値」と「周期を決める関数の中にある$x$の前につく数値」の両方に入っていることに注目してくださいね。両方とも同時に1、2、3、4…と続いていくわけです。

> へぇ。なんか不思議だねぇ。

- この「フーリエ級数展開」は、関数$F(x)$がある周期を持っているとき、つまり「周期関数」の合成に利用することが前提になっています。周期関数ではない場合でも、ある区間で区切り、その区間が繰り返されていると仮定することで、波形を合成することができるんですよ。

- なるほど…。

- 見方がわかったところで、もう少し詳しく式を見てみましょう。$a_1, a_2, a_3, \cdots a_n \cdots$、$b_1, b_2, b_3, \cdots b_n \cdots$は「フーリエ係数」と呼ばれ、この係数の値を示すだけで$F(x)$の波形の形を決めることができます。なぜなら、フーリエ級数では、振幅を決定する$a_n$や$b_n$の$n$と周期を決定する$nx$の$n$とが連動していて、また$\cos$と$\sin$の係数のどちらかを表すかも「$a_n$」と「$b_n$」で区別できるため、「$a_n$」と「$b_n$」の大きさを決めれば、合成される関数の形、すなわち$F(x)$の波形が自動的に一つに決まるというわけです。

- 時計でいえば、「長針」と「短針」を読むことによって、「時間」がわかるって感じだね！

- ず、ずいぶん遠い喩えな気もしますけど、ある２つの事項から、特定の別の事項がわかるという点では間違ってないと思います…。

- 秒針は…？

- 細かいことは気にするな〜！

- 概念がわかったところで、少し具体的に波形の合成を見てみることにしましょう〜。

- ナミックスだね！

- ナミックス…？

- 波を混ぜ合わせるから「ナミックス」！

- じゃ、じゃあ$a_n \sin nx$の$n$を１から、２、３、４…と順番に40までとった場合のナミックスを見てみましょう。

- エリナまで…。

- 周期の大きさの係数、つまり$a_n$は、$n$の逆数にします。$a_n = 1, \frac{1}{2}, \frac{1}{3}, \cdots$ということです。これによってちょっと面白い波形を見ることができます。

173

😖 計算が大変そう〜！

🙂 そこでパソコンを使って見てみましょう。何も専門的なソフトを使わなくても、表計算ソフト「Excel」でも計算できちゃうんですよ！

😮 へぇ！Excelなんて表つくるときくらいしか使ったことないよぉ。

🙂 詳しいやり方はオーム社から出てる『Excelで学ぶフーリエ変換』を見てくださいね。ここでは結果だけを見てみましょう〜（図6-14）。

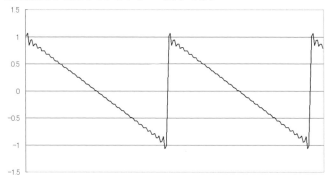

●図6-14　sin関数を$n=40$まで順番に合成した関数

😲 おぉ〜！なんか尖がってるねぇ！

😐 のこぎりの歯みたい…。

🙂 そう！このような波形は実際に「のこぎり波（または鋸歯状波）」と呼ばれているのです！

😊 へぇ〜！今まで見てきた波形とは形が違うね〜。

🙂 では、もう一つ面白い波形を見てみましょう。今度は、$a_n \sin nx$ の $n$ を奇数だけ取り出して合成してみます。この場合も、$a_n$ は $n$（奇数）の逆数にします。
$n=5$ まで合成すると、波形はこのようになります（図6-15）。

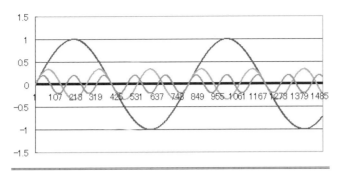

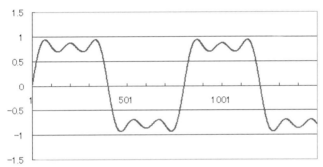

●図6-15 奇数次のsin関数を$n=5$まで順番に合成した関数

 のこぎり波とはずいぶん印象の違う波形ができるんだね〜。

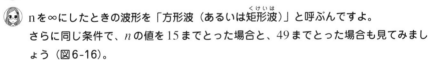 nを∞にしたときの波形を「方形波(あるいは矩形波)」と呼ぶんですよ。

さらに同じ条件で、$n$の値を15までとった場合と、49までとった場合も見てみましょう(図6-16)。

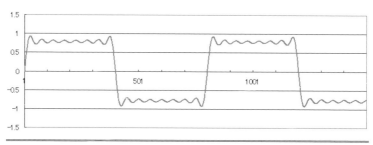

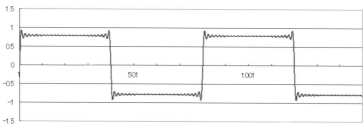

●図6-16 $n=15$まで順番に合成した関数(上)と$n=49$まで順番に合成した関数(下)

波がどんどん細かくなって、波形が直線に近くなってきちゃったよ!

周期の異なるsin関数を合成することで、このような角ばった波形も作り出せるということなんですね。

のこぎり波も方形波もどっかで聞いたことある気が…。

バンドに関係あるところではないでしょうか? たとえば、ベースのエフェクターには「ベース・シンセサイザー」というものがあります。これはシンセベース、つまり電気的なベースサウンドを得るために、意図的に波形を変化させるためのものなんですよ。いわゆる「電子音」的なサウンドは波形が整ったものが多いのですが、このエフェクターではベースからの波形を機械的に「のこぎり波」や「方形波」に変形させることができるんです。

なるほど…。

のこぎり波は見た目どおりエッジの尖った音がして、方形波はのこぎり波に比べて角のとれた柔らかい音がするんです。

## ♪ 5. 時間関数と周波数スペクトル ♪

🧑 以前、こんな図を描いてお話したことがあったと思います（図6-17）。

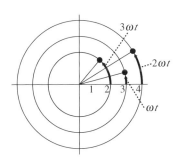

●図6-17　3つの円周上を別々に回転する点

👧 確か三角関数の話をしたときだよね…。半径1、2、3の円をそれぞれ早さの違う点が回ってるんだったね。

🧑 そうです！　これを時間の関数としてグラフにするとsin関数になるんでしたね（図6-18）。

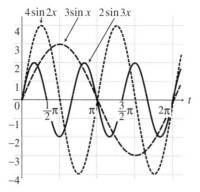

●図6-18 図6-17を時間の関数としてグラフ化する

このように時間によって変化する関数を「時間関数」といい、決まった繰り返しのある関数を「周期関数」ともいいます。

さて、このグラフを $\omega$ を横軸にして書き換えるとスペクトルが描けるのでした。これが時間関数からスペクトルを結び付ける一連の流れでした（図6-19）。

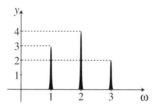

●図6-19 図6-17を元にスペクトルを描く

そうだったねぇ。もはや、何もかもが懐かしい…。

フミカ……。

感慨にふけっているところ申し訳ありませんが、これからが本題です。これらの波形を実際に合成してみましょう！

半径3の円を $\omega t$ で回転する点は $y = 3\sin x$ となります。同様に半径4、$2\omega t$ の点は $y = 4\sin 2x$ です。半径2、$3\omega t$ の点は $y = 2\sin 3x$ となります。これらの関数の足し算を実行した結果はこのようになります（図6-20）。

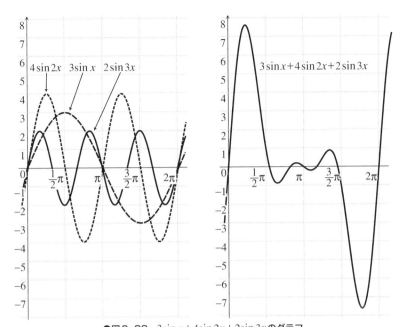

●図6-20　$3\sin x + 4\sin 2x + 2\sin 3x$のグラフ

🙂 やっぱり複雑な波形になるねぇ。

🙂 「フーリエ変換」というのは、このように足し算で合成された関数から、足し算される前のそれぞれの周波数とその大きさを計算で見つけ出すことです。しかし、これから扱おうとしているフーリエ変換では、何らかの形で波形がある一定の周期の繰り返しを持つ「周期関数」になっている必要があることはすでにお話しましたね。

🙂 そうだったね…。でも、なんでそうなのかな？

🙂 ではでは、理由を考えてみましょう〜♪　今まで見てきたように、三角関数（周期や振幅の違うもの）を組み合わせると、いろいろな形の波形を作り出すことができました。この結果、フーリエ級数で作り出せるのは、結果として「周期関数」になっています。

🙂 フムフム…。

🙂 たとえば、$\sin 2x$と$\sin 3x$と$\cos x$とを組み合わせると、その基準となる$\sin x$（＝一番長い周期の三角関数）を一区切りの周期として繰り返す「周期関数」になります（図6-21）。

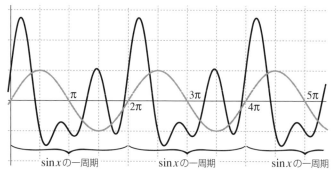

●図6-21 $\sin 2x + \sin 3x + \cos x$ を、$\sin x$ を1周期とした基準で見る

> 「フーリエ級数展開による合成」と「フーリエ変換」は表裏一体にの操作ですから、フーリエ級数により作り出された関数が周期関数であれば、フーリエ変換で変換される関数も周期関数であるべきなのです。フーリエ変換はある関数がどのような三角関数の組み合わせでできているかを調べる方法ですから、元の関数をなんらかの形で一番長い周期に対応した「1周期」と捉えなければならないのです！

> おぉ～。やっと理由がわかったよ！

> 自然現象の波の多くは必ずしも周期関数ばかりではありませんので、短い時間に区切って、その区間の範囲を繰り返す周期的な現象と考え、フーリエ変換を行うようにするわけです（図6-22）。

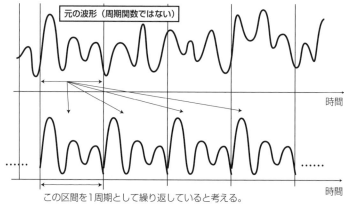

●図6-22 複雑な波形を周期的な現象と考えるイメージ

## ♪ 6. フーリエ変換の入口 ♪

◆第7章◆

# フーリエ解析

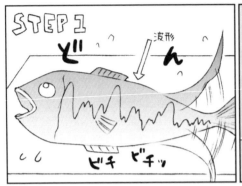

## ♪ 2. フーリエ係数 ♪

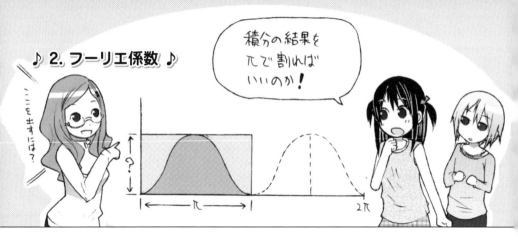

ここで「フーリエ級数」を思い出してみましょう。フーリエ級数とは…

$$F(x) = \frac{1}{2}a_0 + a_1\cos x + a_2\cos 2x + a_3\cos 3x + \cdots + a_n\cos nx + \cdots$$
$$+ b_1\sin x + b_2\sin 2x + b_3\sin 3x + \cdots + b_n\sin nx + \cdots$$
$$= \frac{1}{2}a_0 + \sum_{n=1}^{\infty}(a_n\cos nx + b_n\sin nx)$$

というものでしたね。
なお、$F(x)$ が時間 $t$ に従って変化をする関数の場合は、$F(t)$ という表現をします。ここでは一般的に $F(x)$ で考えていきましょう。

いつ見ても凄い式だなぁ…。でも、内容がわかっちゃう自分にちょっと感動〜。

このとき、「$\cos nx$」や「$\sin nx$」の $x$ の前についている $n$ が「周波数」に対応し、$\sin$、$\cos$ の大きさを決める係数が $a_n$、$b_n$ だったんでしたね。この $a_0, a_n, b_n$ を「フーリエ係数」といいました。先ほど「フーリエ・クッキング」で説明した「第3段階」までの行程は、フーリエ係数を求めていたわけです。

$a_0$ もフーリエ係数…？

そうですよー。$a_0$ は波形全体の上下の位置を決める部分でしたね。

フーリエ級数にフーリエ変換にフーリエ係数…。混乱しそ〜！

おまけに「フーリエ展開」のお話もしましょう〜！

🧒 うぐ！

👧 元の波形 $F(x)$ からフーリエ係数に登場した $a_0, a_n, b_n$ を求めることを「フーリエ係数を求める」というんですよ。これはつまり、フーリエ・クッキングの中で登場した「フィルター」にあたる作業です。

🧒 周波数成分の一つひとつに別のフィルターがあるって話だったね。

👧 つまり、いろいろな周波数成分から、ある特定の一つを抽出できる仕組みがあるということです。

🧒 う〜ん…。どうやったらいいんだろう…。

👧 ここで思い出さなくてはならないのが「関数の直交」です！ 直交の関係にあると、その定積分の結果、つまり面積はどうなるんでしたっけ？

🧒 …0。

👧 そう！ 0になる…つまり、なくなっちゃうと考えられるのです。さらに、$\sin nx$ も $\cos nx$ も自分自身とは直交していないので値を持っていることも思い出してください。直交関係のこの特徴を用いることで、周波数成分の抽出が可能なのです！

🧒 ほうほう！ どうやんのー？

👧 まずはcosのフーリエ係数「$a_n$」について考えてみましょう。
$a_n \cos nx$ だけ残したい場合は、$F(x)$全体に $\cos nx$ を掛けて定積分すればいいのです！
そうすると、一つの関数を残して後は全て直交関係にあるために、積分結果（面積）は0となり、なくなってしまいます。

🧒 残る一つの関数ってのは $a_n \cos nx$ なんだね！

👧 そう！ 関数の直交のところでお話したとおり、$n$ の値が等しいcos同士は直交しないのです。$\sin x \times \sin x$ つまり $\sin^2 x$ も、以前お話したとおり、

$$\int_0^{2\pi} \sin nx \sin nx \, dx = \int_0^{2\pi} \frac{1}{2}(1 - \cos 2nx) \, dx$$
$$= \frac{1}{2}\left[ x - \frac{1}{2n} \sin 2nx \right]_0^{2\pi} = \pi$$

となり、積分結果は「$\pi$」となります。

同様に $\cos x \times \cos x$ つまり $\cos^2 x$ の積分結果が「$\pi$」になることもすでに見てきました。このことを図にして考えると次のようになります（図7-1）。

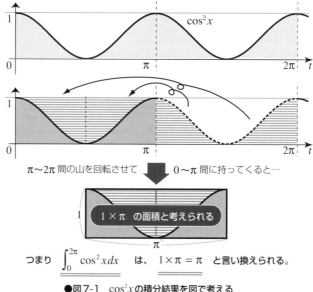

つまり $\displaystyle\int_0^{2\pi} \cos^2 x\, dx$ は、 $1 \times \pi = \pi$ と言い換えられる。

●図7-1 $\cos^2 x$ の積分結果を図で考える

🙂 おぉ～！ 長方形にして考えると簡単だね！

🙂 ここで私たちが知りたいのは「$a_n$」でしたね。$\cos^2 x$ の場合は $a_n$ が1なので

$1 \times \pi = \pi$

といえたわけです。これを逆に考えれば、$a_n$ を知りたい場合は、面積を求める式である積分の式を $\pi$ で割ってあげればいいのです！

🙂 ほぅ！「目からウツボ」だね！

🙂 それをいうなら「目からウロコ」…。ウツボが出たらコワイ…。

🙂 ウロコが出てもコワイよ…。

🙂 えっと…。このことを式にして示すと、$\cos nx$ の積分式を $\pi$ で割るということは $\dfrac{1}{\pi}$ を掛けるということになりますので…

$$a_n = \frac{1}{\pi} \int_0^{2\pi} F(x) \cos nx\, dx$$

となります！
さらに、これはsinにおいてもまったく同様のことがいえますので

$$b_n = \frac{1}{\pi} \int_0^{2\pi} F(x) \sin nx\, dx$$

も成り立つわけです。
これが「フーリエ係数」です！

🙂 $a_0$は…？

😊 それでは、$a_0$について考えてみましょう。
複雑な波も、その実態はいろんなsin関数やcos関数の集まりです。そして、sin関数もcos関数もそれぞれの面積は「0」でしたね。

🙂 うんうん。

😊 つまり複雑な波の面積を求めると、ほとんどは山と谷で消しあってしまうのです。しかし、ある面積だけが残ります…。

🙂 それが$a_0$ってことね！

😊 そのとおり！ これも図で考えてみると、こうなります（図7-2）。

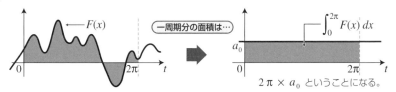

●図7-2　複雑な波形$F(x)$の積分結果を図で考える

🙂 複雑な波形でも面積は$2\pi \times a_0$なんて、すごく単純に表せるんだねぇ…。じゃあ、これもさっきと同様に逆に考えて、$a_n$を知りたければ$2\pi$で割ればいいのかな？

😊 そうなりますね♪ $2\pi$で割る…つまり$\frac{1}{2\pi}$を掛ければいいので

$$a_0 = \frac{1}{2\pi} \int_0^{2\pi} F(x) dx$$

となります。
なのですが！ ここで考えたいのは「そもそも$a_0$って？」ということです。

🧑 ん？どういうこと？？

🧑 $a_0$ にも $a$ がついている以上はやっぱり cos のフーリエ係数なのです。

🧑 あ〜、そっか！

🧑 ですので、何も $a_0$ だけを特別扱いしなくても

$$a_0 = \frac{1}{\pi}\int_0^{2\pi} F(x)dx$$

もいえるんですね。

🧑 確かに！

🧑 しかし、

$$a_n = \frac{1}{\pi}\int_0^{2\pi} F(x)\cos nx\, dx$$

に $n=0$ のときの cos 0 を入れて計算すると、求まるのは $a_0$ の 2 倍の $2a_0$ なのです。そこで、そのつじつまを合わせるために、フーリエ級数の先頭に $\frac{1}{2}$ をつけるんですよー。

🧑 お〜。あの $\frac{1}{2}$ の正体はそういうことだったのか〜！

🧑 もうちょっと詳しく説明すると…、フーリエ級数の式も本当は

$$F(x) = \underbrace{a_0 \cos 0x}_{n=0 \text{ の分}} + \underbrace{a_1 \cos 1x}_{n=1 \text{ の分}} + \underbrace{a_2 \cos 2x}_{n=2 \text{ の分}} + \cdots$$
$$+ \underbrace{b_0 \sin 0x}_{n=0 \text{ の分}} + \underbrace{b_1 \sin 1x}_{n=1 \text{ の分}} + \underbrace{b_2 \sin 2x}_{n=2 \text{ の分}} + \cdots$$

なんですよ。

しかし、ここで $\cos 0x = \cos 0 = 1$、$\sin 0x = \sin 0 = 0$ なので、

$$F(x) = a_0 + a_1 \cos x + a_2 \cos 2x + \cdots$$
$$+ b_1 \sin x + b_2 \sin 2x + \cdots$$

となるというわけです。

🧑 アレ…？ $\frac{1}{2}$ は？

🙂 これを元に、

$$\begin{cases} a_0 = \dfrac{1}{2\pi} \int_0^{2\pi} \underbrace{F(x) dx}_{} & \text{実は}\cos 0x = 1\text{が掛けてあると見なす} \\ a_n = \dfrac{1}{\pi} \int_0^{2\pi} F(x) \cos nx dx \end{cases}$$

としてもよいのですが、$\dfrac{1}{2\pi}$ と $\dfrac{1}{\pi}$ をそろえて、$n=0$ のときは $\dfrac{1}{2}a_0$ にすることで、つじつまが合わせられるんですよ。

🙂 なるほどね。

🙂 ここで再度整理してみると、フーリエ係数とは

$$a_n = \dfrac{1}{\pi} \int_0^{2\pi} F(x) \cos nx \, dx$$
$$b_n = \dfrac{1}{\pi} \int_0^{2\pi} F(x) \sin nx \, dx$$
$$a_0 = \dfrac{1}{2\pi} \int_0^{2\pi} F(x) \, dx$$

$a_0$ の中に $\dfrac{1}{2}$ を含めるか外に出すかは、もとのフーリエ級数をどう書くかによります。

の3つだともいえるわけです。

🙂 これで「フーリエ係数」が揃ったね!

🙂 「フーリエ係数」がわかったので、「フーリエ・クッキング」の第3段階まではできるようになりました。続いて第4段階を見てみましょう。

🙂 第4段階は抽出した周波数成分の大きさを調べるんだったね。

🙂 これまで見てきたように、一つの周波数成分には sin 関数の成分と cos 関数の成分とがありました。そして、それらに対応したフーリエ係数は $b_n$ と $a_n$ で表されました。しかし、スペクトルとして考える場合は、それぞれの成分の係数ではなく、その周波数成分の大きさに注目する必要があります。

🙂 周波数成分の大きさ…?

🙂 ここでいう大きさとは、図で示すと次のようになります(図7-3)。

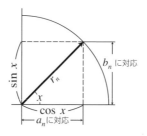

●図7-3 周波数成分の大きさを図で考える

🧑 三角形の高さがsin関数から計算された$b_n$で、底辺がcos関数から計算された$a_n$になるんだね…。

👩 そして、その三角形の斜辺の長さが「大きさ」となるわけですね。
斜辺の長さは、ピタゴラスの定理（三平方の定理）から

$$r_n = \sqrt{a_n^2 + b_n^2} \quad (r_n > 0)$$

と計算することができます。

🧑 これで第4段階もできるね！

👩 それでは最後に第5段階です。第4段階で計算された$r_n$を$n$の小さい方から順番に右に向かって並べてグラフにすることで「スペクトル」が得られます。ちなみに、フーリエ変換として周波数解析をする場合は、変数を時間関数として考えるので、変数を$t$に置き換えて$F(t)$と表現することにします。こうすることで、関数の変数が時間であることを強く意識することができるためです（図7-4）。

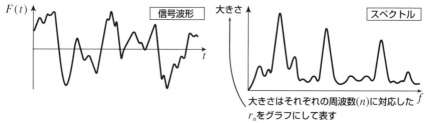

●図7-4 信号波形とスペクトル表示

🧑 おぉ〜！ やっとフーリエ変換を使ってスペクトルを求める手順がわかったわけだね！！ わんだふ〜る！

## ♪ 3. 音叉のスペクトル ♪

🧒 さぁ、「フーリエ変換」の具体的な方法がわかったところで、いよいよ実際のスペクトル解析をしてみましょう！！

👧 つ、ついに…。フミカ、カンドウです！

👩 勘当ですか…？

👧 なんで今、親子の縁を切られなきゃいけないよの！ 感動よ、感動！！ やっとフーリエ変換まで辿り着いたというのに、リンには感動がないのかね！

👩 …ある。

🧑 それは…よかったよ。

🧒 私はお二人がここまでたどり着いたことが感動ですよ♪
まず、実際のスペクトルを見る前に、元の波形を観測する方法を簡単に説明しましょう。

🧑 そだそだ。まずは波形が調べられないことにゃ、スペクトルどころじゃないね。

🧒 それでは「オシロスコープ」を利用した方法を説明しましょう。オシロスコープとは入力された電気信号を画面に表示することができる装置です。
オシロスコープを使って音を波形として観測する方法を図にすると、このようになります（図7-5）。

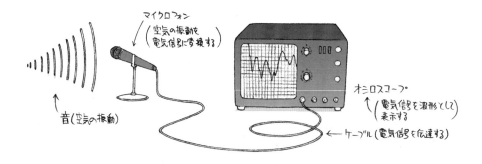

●図7-5 オシロスコープで音を波形として観測する方法

この図を簡単に説明すると、

1. マイクロフォン（マイク）で音（空気の振動を）を電気信号に変換する
2. 電気信号に変換された音は、ケーブル（電線）を通ってオシロスコープの入力端子に入力される
3. オシロスコープが電気信号を左から右に向かって時間の進みに合わせて画面に表示する

といった感じになります。

なるほどー！　これからは一家に一台オシロスコープだね！

…そんなワケない…。

リンちゃんのいうとおり、説明しといてなんですが、オシロスコープがある家なんてあまりありませんね。そこで、やっぱりパソコンを使うわけです！
そもそも音をそのままスペクトル計算する場合はパソコンを使った方がはるかに簡単で効率的ですし。パソコンを使って波形を観測する場合も、その手順はオシロスコープの場合とほとんど同じです。

普通にマイクを使って音を取り込むんだね？

そうですね。パソコンにはサウンドカードというマイクからの信号をデジタルデータに変換する装置が組み込まれています。サウンドカードは音の再生にも用いられているため、最近のパソコンではほとんどの場合この機能が標準装備されています。

🧑 パソコンを使って音を波形として観測する方法はこのようになります(図7-6)。

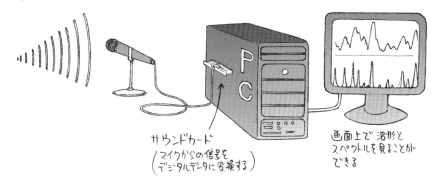

●図7-6 パソコンで音を波形として観測する方法

🧑 オシロスコープの役割を丸々パソコンでまかなえるというわけです。その上で、デジタル変換された音のデータはパソコンの計算機能で「フーリエ変換」することができ、さらにグラフ表示でスペクトルを観測することまでできます。

👧 う〜む…。やっぱパソコンって便利なのねぇ。うちのパソコンなんてネット専用みたいになっちゃってるから、もうちょっと活用を考えないと…!

🧑 パソコンを使ったスペクトル計算の具体的な方法は使うソフトなどによっても異なってきますので、ここでは取り上げません。前にもお話したとおり、専門のソフトを使わずとも表計算ソフト「Excel」でも解析できちゃったりするんです。

👧 うんうん。

🧑 それでは、まず超基本的な音のスペクトルを調べてみましょう。

👧 おぉ〜! 何を調べるの?

🧑 まずは「音叉」です! 音叉については最初の頃にちょっとだけお話しましたね(図7-7)。

●図7-7 楽器調律用音叉

🙂 うんうん。チューニングに使う音叉だよね。音叉を鳴らすと「ラ」の音が得られるんだったね。

🙂 そうです♪ 音叉を叩いて、持ち手の下にある丸い部分を耳にあてたり、歯で軽く噛むようにすると、「ラ」の音の周波数の基本となる440Hzの音が聞き取れます。

🙂 「ポォ———ン」って感じの澄んだ音がするよね。

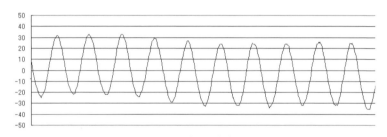

●図7-8 音叉の波形

🙂 その音をパソコンを使って調べてみるとこんな波形が見られます（図7-8）。

🙂 sin関数だね。

🙂 sin関数だ…。

🙂 ちょっと上下に揺れていますが、見るからにsin関数そのものですね。

🙂 フムフム。この波形からスペクトルを計算してみるわけですな。

🙂 はい。早速そのスペクトルを見てみましょう（図7-9）。

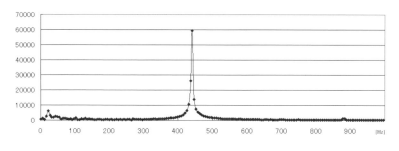

●図7-9 音叉のスペクトル

- 横軸は周波数を表し、単位は「Hz(ヘルツ)」で表しています。グラフの縦軸はスペクトルの相対的な大きさを示しています。

- ちゃんと440Hzのところに大きな山ができてるね!

- このスペクトルから、音叉の波形はほぼ単一の周波数から成り立っていることがわかります。

- うんうん!

- このスペクトル結果を見ると、若干の誤差はあるものの、耳に聞こえるのは、ほぼ「単一の周波数」といって差し支えありません。もちろん個人差はありますが、一般に sin 関数の単一な周波数の音は、ブーとかポーという非常に単純な音に聞こえます。さらに 7kHz 以上になると、キーンというような高い音に聞こえます。

- だんだん音とスペクトルの関係がわかってきたよー!

- 音叉は一番単純な例なので、フーリエ解析をする意義がイマイチつかめないかもしれません。次はもうちょっと複雑な例を見てみましょう。

## ♪ 4. ギターのスペクトル ♪

- それでは今度は「エレキギター」を使って実験してみましょう！
- おぉ！ギター、キターッ！！
- ……。
- ギターはご存知のとおり、6本の太さの違う弦が張ってあり、押さえる位置によってそれぞれの音階を作り出します。1音ずつ弾くことによってメロディーラインを奏でることもできますし、複数の弦を同時に押さえて弾くことによって和音を作り出し、厚みのある音を奏でることもできます。
- そうだね！
- まずは「ド（C）」の音を単音で鳴らしてみてください。音は分析しやすいように歪みのないクリーントーンでお願いします。
- 「ディーン…」
- といった感じの単純な1音ですね。このときの音の波形（図7-10）とスペクトルを調べてみると、次のようになっています。

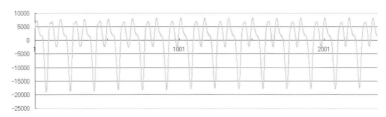

●図7-10 ギターのド（C）の音の波形

🧑 このスペクトルから主なピークの周波数を書き込むとこのようになります（図7-11）。

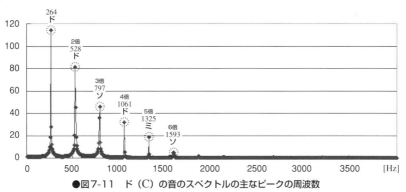

●図7-11 ド（C）の音のスペクトルの主なピークの周波数

🧑 ほうほう。これから何がわかるの〜？

🧑 ラの音を「440Hz」と決めているのは「国際基準周波数」です。「国際基準」でのドの音の周波数は261.63Hzです。この解析結果で1番大きなスペクトルは約264Hzになっていますから国際基準に比べるとちょっとチューニングが高いかもしれませんが、ドの音としてはとてもよく合っているといえるでしょう〜。

🧑 おぉ〜。いつも何気なくやっているチューニングも、こういう形で見てみると新鮮だなぁ！

🧑 また、その次に大きなスペクトルを持つ周波数を順に見ていくと、528Hz・797Hz・1061Hz・1325Hz・1593Hzというように、もとの「ド」の音の周波数のほぼ2倍、3倍、4倍…と周波数のピークがあり、その大きさは周波数が高くなっていくにしたがって、ドンドンと小さくなっていきます。このようなスペクトルの関係は以前示した「のこぎり波」ととてもよく似ています。というのは、基準になる音（周波数）「ド」の高調波が偶数次も奇数次も含まれているからです。

🧑 高調波ってのは何者？

👧 基準となる周波数の2倍以上の整数倍の波のことですよ。

🧑 なるほど。ちゃんと音の特徴を数値でいうことができるんだねぇ。

👧 次に「ド（C）」、「ミ（E）」、「ソ（G）」の音を同時に鳴らしてみてください。

🧑 つまり「Cメジャー」だね！

「ジャーン…」

👧 このときの波形はどうなるでしょうか…（図7-12）。

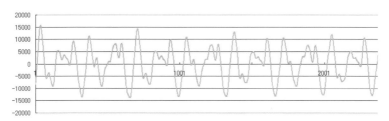

●図7-12　ギターのド（C）・ミ（E）・ソ（G）の音の波形

🧑 おぉ〜。さっきの波形にくらべてかなり複雑だね！

👧 これも主な周波数のピークを書き込んでみますね…（図7-13）。

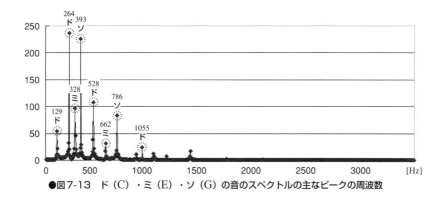

●図7-13　ド（C）・ミ（E）・ソ（G）の音のスペクトルの主なピークの周波数

**208**　第7章◆フーリエ解析

🐱 今度はどんな特徴がわかるのー？

👧 ちゃんとド・ミ・ソの基準となる音が確認できますね。しかし、おもしろいことに、ドの音の高調波の比率が単音を弾いたときよりも急激に小さくなっていくことがわかります。和音を弾くと、一つひとつの基準の音の高調波を生じさせるエネルギーより、和音を合成するエネルギーに使われているということが考えられます。

🐱 へぇ～。ふっしぎ～！

👧 もう少し和音とそのスペクトルについて解説しましょう。ド・ミ・ソを同時に弾いたのに、ミのスペクトルが、ドやソに比べて小さくなっている理由を考えてみます。

🐱 はいはい。

👧 鍵盤楽器やギターのようにフレットの付いた楽器は、「平均律」という調律をします。すなわち、1オクターブ（周波数の比で1：2）を12音に分け、その隣り合う音の周波数の比率を同じにしています。その比率は2の12乗根です。なぜなら、12回同じ値を掛け算して2（1オクターブ）になるという考え方をしているからです。この隣り合う音の関係を「半音」といいます（図7-14）。

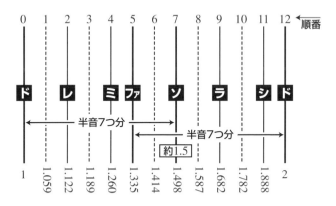

平均率では、1オクターブを12音階に分け、その一段階ごとを「半音」と呼び、その周波数比を $\sqrt[12]{2}$ にする
（すべての半音の周波数比を同じにすることから「12音階平均率」という）（$\sqrt[12]{2} = 1.059463\cdots$）

●図7-14　平均律による「半音」のイメージ

🧒 へぇ〜。

👧 すると、ドとその上のソの周波数の比はほぼ1：1.5、いい換えれば2：3になっています。これは、半音7つ分にあたります。このような簡単な整数比で表される周波数の関係にある音は、お互いに強め合う性質があります。ところが「ドとミ」の周波数の比はおよそ6：7、「ミとソ」の周波数の比はおよそ7：9です。これらの比は簡単な整数比ではあるものの、2：3に比べると少し複雑です。この周波数の比が単純であるかどうかが、音を強め合うかどうかに関わっています。単純なほどより強め合うことになります。

🧒 だから、ド・ミ・ソの和音ではミの音がちょっと小さくなってるんだね！

👧 そうですね。ただし、比較的小さくなったとはいえ、重要なスペクトル成分であることには変わりありません。これが和音による音の厚みです。

🧒 普段何気なく感じてる和音の厚みも、フーリエ解析をすると数学的に納得できる結果が確認できるんだねぇ！

## ♪ 5. 人の声のスペクトル ♪

🙂 最後に人の声について調べてみましょう！

😊 おぉ！ついに…！！

🙂 まず、その前に発声のメカニズムについて簡単に説明しましょう。鼻や口から入った空気は気管を通って肺までいきます。気管の一番上の部分には「声帯」という空気の通過で細かく振動する器官があります（図7-15）。

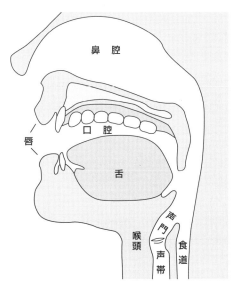

●図7-15　発声器官

🧒「声帯」って聞いたことある！

👧 声帯には大きさや厚さなど個人差があり、声帯の違いや呼吸するときの空気の密度によって振動の周期も変わってきます。ここで作られた基本振動は「のこぎり波」に近い波形で、いろんな周波数成分を持っています。

🧒 へぇ〜。

👧 口の中は、上下の顎と舌、さらには唇の位置や形で、その空洞の形が変化します。つまり、そこを通過する空気の流れが変化するということです。また、鼻から抜ける空気の流れの変化もあります。

🧒 けっこう複雑なのね…。

👧 声帯で振動したいろいろな周波数成分を持った空気の振動は、口腔や鼻腔を通過するとき、その形に応じて周波数成分へいろいろな特徴をつけるような仕組みになっています。つまり、口腔や鼻腔が「フィルター」の働きをしているわけです。その結果、人はいろいろな「声」や「音」を作り出すことができます。

🧒 発声だけで打楽器とかの音を出す「ボイスパーカッション」なんてのもあるもんね！

👧 ボイスパーカッションでは「無声音」の使い方も大切になってきますね。先ほどの声帯を振動させて発生する声を「有声音」というのに対して、「無声音」とは声帯を振動させずに吐く息だけで発声する音のことです。

🧒 そういえば、英語の授業のときも無声音がどうとかいってたなぁ〜…。

👧 有声音も無声音も口腔と鼻腔の形によって、さまざまな発音を作り出しています。この口腔と鼻腔は人によってさまざまな形をしていますから、声の特徴が個人によって異なっています。

🧒 じゃあ、その形が似てたら声も似てるの…？

👧 そうですね♪ たとえば親子で声の特徴が似ていることはよくありますが、これは遺伝的に顔の骨格が似ているためなんですよ。他にも、洋画に日本語の吹き替えを行う際、演じている俳優に顔の特徴が似た声優を当たりすることもあるんですよ。これも顔の骨格が声の特徴に結び付いているためなんですね。

🧒 へぇ〜！

😀 ただし、母音や子音の基本的なスペクトルのパターンは個人差に依存しない部分があり、そのおかげでお互いに言葉が通じるわけです。

😀 確かに、何から何までバラバラだったら、話が通じなさそ〜。

😀 フミカは普通に喋っていても、話が通じないときが…。

😀 なんだとぅっ！

😀 まぁまぁ…。母音のスペクトルのグラフとその波形を見てみましょう！まずは「ア〜！」（図7-16）。

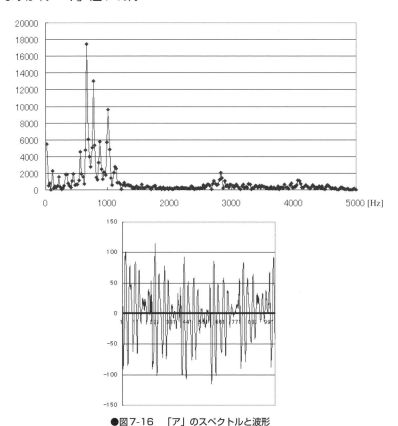

●図7-16 「ア」のスペクトルと波形

🙂 これが「ア」のスペクトルなのかぁ！

🙂 「ア」の発声は大きく口を開き、口腔を広げた形になっています。大きな空間では、高い周波数成分が共鳴しにくいので、スペクトルが低い周波数成分に集中しています。それでは、次は「イ～！」（図7-17）。

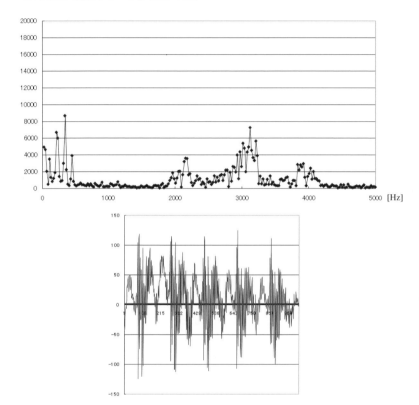

●図7-17　「イ」のスペクトルと波形

🙂 イィ感じのスペクトルだね！

🙂 どこらへんが…？

🙂 イ～だ！

🙂 えっと…。今、フミカちゃんが「イ〜」といったときの口の形を思い出してみてください。唇を左右に引き伸ばして、上下をすぼめた形になっていました。このとき、口腔の全体が薄平らになって、低い共鳴が抑えられるようになります。すると、「ア」のときよりも上顎の奥の方で細かく「ビリビリビリ」という振動を感じられると思います。

😐 感じられた…？

🙂 私じゃなくて、フミカ自身が…。

🙂 まぁ、意識しなければ感じられないほどの振動ですけど…。この振動が高い周波数成分の共鳴に関連したものなんですよ。スペクトルは高い周波数成分にまで広がっています。波形そのものも細かい振動が重なっていることがわかりますね。
それでは、次は「ウ〜！」（図7-18）。

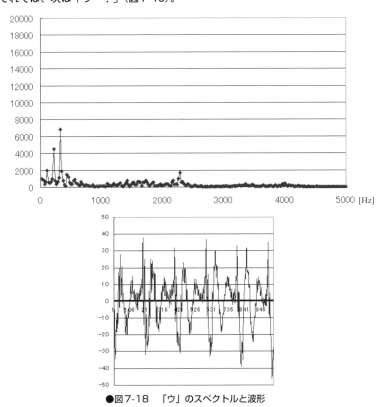

●図7-18　「ウ」のスペクトルと波形

215

🐱 うぅ…。

🐰 何…？

🐱 いってみただけ。

🐰 …日本語の「ウ」は、口全体をすぼめた形で発音しますね。そのため、なんとなくこもったような音になります。スペクトルは母音の中でも一番低い周波数成分だけが取り出されています。

それでは、次は「エ～！」（図7-19）。

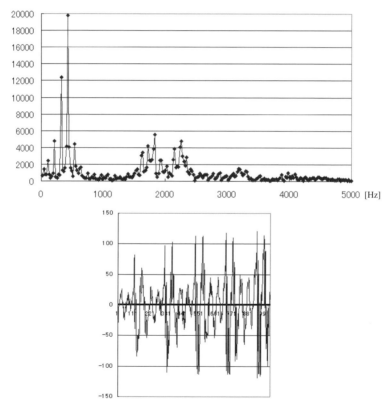

●図7-19　「エ」のスペクトルと波形

🐰 …え？

🙂 あ〜！ フミカがいおうと思ったことを…。

🙂 「エ」は「イ」よりも口を上下に広げますが、やはり左右に広げて上顎が低くなっている分、高い周波数成分が生じています。しかし、この成分の中心になるところは、「イ」よりも低いところにあることがわかります。

最後は「オ〜！」（図7-20）。

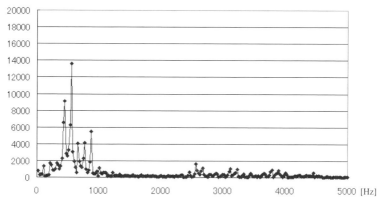

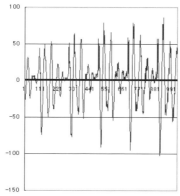

●図7-20　「オ」のスペクトルと波形

🙂 🙂 オォ！

🙂 …。

🙂 ……。

仲がいいですね♪ 「オ」は「ア」と口の形が似ています。「アー」といいながら、次第に「オー」に変化させていくと、「ア」から他の母音に変化させるよりも、簡単に「オ」に近づいていくことが体感できます。

## ♪ 6. Sweet Voice ♪

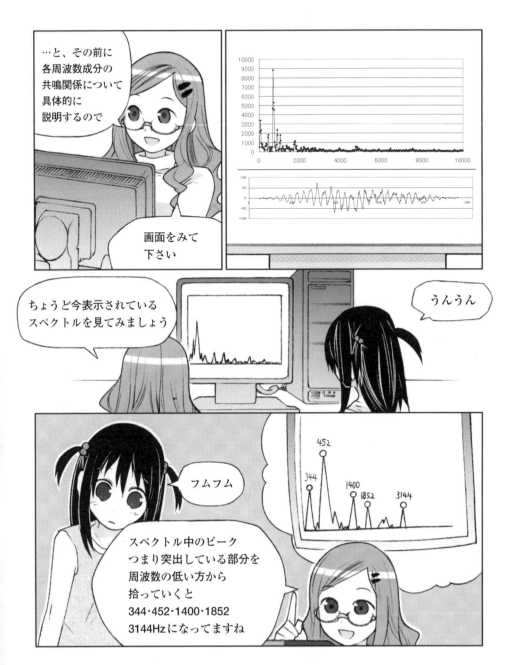

◆付録◆

# フーリエ級数の代数への応用例

## ■無限級数和の値を求める例

ここではフーリエ級数を利用して、ある無限級数の和の値を求めてみましょう。

$$\sin x + \frac{1}{3}\sin 3x + \frac{1}{5}\sin 5x + \frac{1}{7}\sin 7x + \cdots$$

という級数の和が

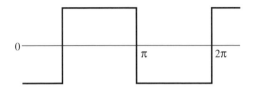

という形の関数になるという例を第5章のフーリエ級数のところで示しました。
この例では振幅については詳しく見てきませんでした。
ここでは関数の形をキッチリと決めて、フーリエ係数を求めます。
すると

$$1 - \frac{1}{3} + \frac{1}{5} - \frac{1}{7} + \frac{1}{9} - \cdots = \frac{\pi}{4}$$

という無限級数和の値が計算できます。

## ■手順1-1

では、さっそく次の関数のフーリエ係数を求めてみましょう。

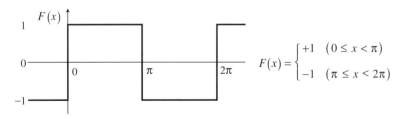

$$F(x) = \begin{cases} +1 & (0 \leq x < \pi) \\ -1 & (\pi \leq x < 2\pi) \end{cases}$$

まず$a_0$は

$$a_0 = \frac{1}{2\pi}\int_0^{2\pi} F(x)\,dx$$

0〜$2\pi$を2つに分割して

$$= \frac{1}{2\pi}\left(\int_0^{\pi} F(x)\,dx + \int_{\pi}^{2\pi} F(x)\,dx\right)$$

$$= \frac{1}{2\pi}\left(\int_0^{\pi} 1\,dx + \int_{\pi}^{2\pi} (-1)\,dx\right) \quad \longleftarrow F(x)を代入する$$

$$= \frac{1}{2\pi}\left([x]_0^{\pi} - [x]_{\pi}^{2\pi}\right) = \frac{1}{\pi}(\pi - 0 - 2\pi + \pi)$$

$$= 0$$

となります。
もとの$F(x)$の形を見ただけで

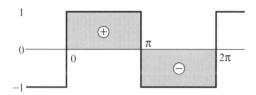

となっていて、⊕と⊖の部分の面積が同じになっているので、グラフをみただけでも"0"になることがわかります。

## ■手順1-2

さて$a_n$の項はどうなるでしょうか。
$a_n$の項は$F(x)$と$\cos nx$を掛け算をして積分を求めることを第5章で見てきました。
たとえば

$$a_1 = \frac{1}{\pi}\int_0^{2\pi} F(x)\cos x\,dx$$

を計算するのですが、計算する前にグラフ上で考えてみましょう。
このように、⊕の部分と⊖の部分が同じ面積で打ち消し合っています。では$a_2$はどうでしょうか。これもグラフで見ると

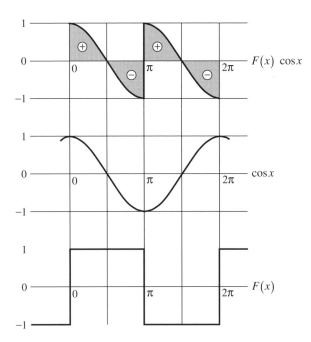

となり⊕部分と⊖部分の面積が打ち消し合っています。
同様に $a_2$ 以降の $a_n$ も⊕部分と⊖部分が打ち消し合い、全ての $a_n$ が "0" であることは直感的にわかるでしょう。

さて $b_n$ を $b_1$ から少し計算してみましょう。

$$b_1 = \frac{1}{\pi}\int_0^{2\pi} F(x)\sin x\,dx$$
$$= \frac{1}{\pi}\left(\int_0^{\pi}\sin x\,dx + \int_{\pi}^{2\pi}(-\sin x)\,dx\right)$$
$$= \frac{1}{\pi}\left([-\cos x]_0^{\pi} + [\cos x]_{\pi}^{2\pi}\right)$$
$$= \frac{1}{\pi}\{(1+1)+(1+1)\}$$
$$= \frac{4}{\pi}$$

すなわち $b_1 = \frac{4}{\pi}$ となりました。

■手順1-3

次に$b_2$を計算してみましょう。

$$\begin{aligned}
b_2 &= \frac{1}{\pi}\int_0^{2\pi} F(x)\sin 2x\, dx \\
&= \frac{1}{\pi}\left\{\int_0^{\pi}\sin 2x\, dx + \int_{\pi}^{2\pi}(-\sin 2x)\, dx\right\} \\
&= \frac{1}{\pi}\left(\left[-\frac{1}{2}\cos 2x\right]_0^{\pi} + \left[\frac{1}{2}\cos 2x\right]_{\pi}^{2\pi}\right) \\
&= \frac{1}{2\pi}(-1+1+1-1) \\
&= 0
\end{aligned}$$

すなわち$b_2=0$となりました。グラフで見るともっと直感的にわかるでしょう。

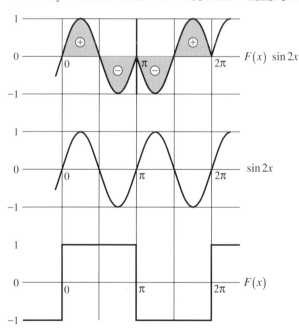

このように⊕部分と⊖部分の面積が同じで打ち消し合っていることがわかります。

$n$ が偶数であるときは

$$b_n = \int_0^{2\pi} F(x) \sin nx \, dx = 0$$

となることは、このようなグラフを見ることで明らかです。
$n = 2, 4, 6 \cdots$ のとき

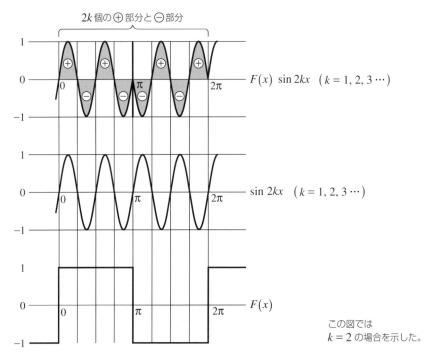

この図では
$k = 2$ の場合を示した。

では、$n$ が奇数のとき、$n = 3, 5, 7 \cdots$ はどうでしょうか。もう少し計算してみましょう。
つづいて $b_3$ を求めてみます。

$$b_3 = \frac{1}{\pi} \int_0^{2\pi} F(x) \sin 3x \, dx$$

$$= \frac{1}{\pi} \left( \int_0^{\pi} \sin 3x \, dx + \int_{\pi}^{2\pi} (-\sin 3x) \, dx \right)$$

$$= \frac{1}{\pi} \left( \frac{1}{3} [-\cos 3x]_0^{\pi} + \frac{1}{3} [\cos 3x]_{\pi}^{2\pi} \right)$$

$$= \frac{1}{3\pi} (1 + 1 + 1 + 1)$$

$$= \frac{1}{3} \cdot \frac{4}{\pi}$$

となります。
同様に計算すると、$n$ が奇数のときには

$$b_n = \frac{1}{n} \cdot \frac{4}{\pi}$$

となることがわかります。
これで全てのフーリエ係数が計算できました。


## ■手順2

これまでの係数を用いると

$$F(x) = \frac{4}{\pi} \left( \sin x + \frac{1}{3} \sin 3x + \frac{1}{5} \sin 5x + \frac{1}{7} \sin 7x + \cdots \right)$$

とフーリエ級数で表せることがわかりました。
これを総和記号シグマ（Σ）を使って表すと

$$F(x) = \frac{4}{\pi} \sum_{n=1}^{\infty} \frac{1}{n} \sin nx \qquad (\text{ただし } n = 奇数)$$

となります。ここで $n =$ 奇数という「ただし書き」は数学的な表し方としての美しさがないので

$$n = 2m + 1 \quad (m = 0, 1, 2 \cdots)$$

として

$$F(x) = \frac{4}{\pi} \sum_{m=0}^{\infty} \frac{1}{2m+1} \sin(2m+1)x$$

と書くことができます。

## ■手順3

ところで $\sin\left(\frac{\pi}{2}\right) = 1$、$\sin\left(\frac{3\pi}{2}\right) = -1$、$\sin\left(\frac{5\pi}{2}\right) = 1 \cdots$
ということに注目すると、$x$ に $\frac{\pi}{2}$ を代入して

$$\begin{aligned}
F\left(\frac{\pi}{2}\right) &= \frac{4}{\pi} \sum_{m=0}^{\infty} \frac{1}{2m+1} \sin\left(\frac{2m+1}{2}\pi\right) \\
&= \frac{4}{\pi} \sum_{m=0}^{\infty} \frac{1}{2m+1} (-1)^m \\
&= \frac{4}{\pi} \left( \underbrace{1}_{m=0\text{のとき}} + \underbrace{\frac{1}{3}(-1)}_{m=1\text{のとき}} + \underbrace{\frac{1}{5}(-1)^2}_{m=2\text{のとき}\cdots} + \frac{1}{7}(-1)^3 \cdots \right) \\
&= \frac{4}{\pi} \left( 1 - \frac{1}{3} + \frac{1}{5} - \frac{1}{7} + \frac{1}{9} - \cdots \right)
\end{aligned}$$

となります。
また、もとの $F(x)$ のグラフから

$$F\left(\frac{\pi}{2}\right) = 1$$

であるので、このことから

$$1 = \frac{4}{\pi} \left( 1 - \frac{1}{3} + \frac{1}{5} - \frac{1}{7} + \frac{1}{9} - \cdots \right)$$

となり、両辺に $\frac{\pi}{4}$ を掛けて左辺と右辺を入れ替えると

$$1 - \frac{1}{3} + \frac{1}{5} - \frac{1}{7} + \frac{1}{9} - \cdots = \frac{\pi}{4}$$

となり、左辺の級数の和の値が $\frac{\pi}{4}$ になりました。
あるいは両辺を 4 倍して総和記号で表せば

$$4 \sum_{m=0}^{\infty} \frac{(-1)^m}{2m+1} = \pi$$

となります。

## ■実際の級数和の計算

実際にパソコンなどを使った計算でこの級数の和を計算することができますが、級数の各項が"+"と"−"をくりかえし、かつ $\frac{1}{2m+1}$ という級数は $m$ が 100 になっても 201 分の 1 （約 0.005％）にしかならないので、なかなか収束しません。

　実際に Excel などで計算してみると $m = 100$ では 3.15149…、$m = 101$ では 3.13178…、また $m = 10000$ では 3.14169…　$m = 10001$ では 3.14149…となり、$\pi$ の値に対し上下に振動しながらゆっくりと収束していく様子がわかります（次ページ表参照）。
ここで興味深いことは、奇数だけの分数の級数和（和と差の組み合わせ）が、$\frac{\pi}{4}$ という無理数を含む値に収束することです。

　このように、フーリエ変換を用いてフーリエ係数を求める計算から、無限級数和の収束値を計算することができました。フーリエ変換の応用が、このような代数にも使えることは興味深いことです。

　本書ではフーリエ変換の入門部分をとりあげて解説してきましたが、これをきっかけにしてさらに深く学習をしたい読者は、微分、積分やフーリエ変換についての参考書も活用してください。

　とくに「Excel で学ぶフーリエ変換（オーム社刊）」は、本書の読者の次のステップとしてぜひ参考にしていただきたいと思います。その中には、実際の音のフーリエ解析が例題としていくつも取り上げられています。

| m | 収束(4倍) | m | 収束(4倍) | m | 収束(4倍) |
|---|---|---|---|---|---|
| 0 | 4.00000000000 | 89 | 3.13048188536 | 9992 | 3.14169272364 |
| 1 | 2.66666666667 | 90 | 3.15258133288 | 9993 | 3.14149259355 |
| 2 | 3.46666666667 | 91 | 3.13072340938 | 9994 | 3.14169270361 |
| 3 | 2.89523809524 | 92 | 3.15234503100 | 9995 | 3.14149261357 |
| 4 | 3.33968253968 | 93 | 3.13095465667 | 9996 | 3.14169268360 |
| 5 | 2.97604617605 | 94 | 3.15211867783 | 9997 | 3.14149263359 |
| 6 | 3.28373848374 | 95 | 3.13117626945 | 9998 | 3.14169266359 |
| 7 | 3.01707181707 | 96 | 3.15190165806 | 9999 | 3.14149265359 |
| 8 | 3.25236593472 | 97 | 3.13138883754 | 10000 | 3.14169264359 |
| 9 | 3.04183961893 | 98 | 3.15169340607 | 10001 | 3.14149267359 |
| 10 | 3.23231580941 | 99 | 3.13159290356 | 10002 | 3.14169262360 |
| 11 | 3.05840276593 | 100 | 3.15149340107 | 10003 | 3.14149269357 |
| 12 | 3.21840276593 | 101 | 3.13178896757 | 10004 | 3.14169260361 |
| 13 | 3.07025461778 | 102 | 3.15130116270 | 10005 | 3.14149271355 |
| 14 | 3.20818565226 | 103 | 3.13197749120 | 10006 | 3.14169258364 |
| 15 | 3.07915339420 | 104 | 3.15111624718 | 10007 | 3.14149273353 |
| 16 | 3.20036551541 | 105 | 3.13215890121 | 10008 | 3.14169256367 |
| 17 | 3.08607980112 | 106 | 3.15093824393 | 10009 | 3.14149275349 |
| 18 | 3.19418790923 | 107 | 3.13233359277 | 10010 | 3.14169254371 |
| 19 | 3.09162380667 | 108 | 3.15076677249 | 10011 | 3.14149277345 |
| 20 | 3.18918478228 | 109 | 3.13250193231 | 10012 | 3.14169252376 |
| 21 | 3.09616152646 | 110 | 3.15060147982 | 10013 | 3.14149279339 |
| 22 | 3.18505041535 | 111 | 3.13266426009 | 10014 | 3.14169250381 |
| 23 | 3.09994403237 | 112 | 3.15044203787 | 10015 | 3.14149281333 |
| 24 | 3.18157668544 | 113 | 3.13282089249 | 10016 | 3.14169248388 |
| 25 | 3.10314531289 | 114 | 3.15028814140 | 10017 | 3.14149283327 |
| 26 | 3.17861701100 | 115 | 3.13297212408 | 10018 | 3.14169246395 |
| 27 | 3.10588973827 | 116 | 3.15013950606 | 10019 | 3.14149285319 |

●表　Excelで計算した級数和

## ◆◆◆ 参考文献 ◆◆◆

- 『Excelで学ぶフーリエ変換』 小川智哉監修　渋谷道雄/渡邊八一共著　オーム社（2003年3月）
- 『数学公式Ⅰ 微分積分・平面曲線』『数学公式Ⅱ 級数・フーリエ変換』（全3巻）森口繁一/宇田川銈久/一松信共著　岩波書店（1987年3月）
- 『理科年表【平成18年版】』 国立天文台編　丸善　（2005年11月）
- 『数学小辞典』 矢野健太郎編　共立出版（1968年10月）

# 索 引

## アルファベット

FFT ・・・・・・・ 38

## ア行

| | |
|---|---|
| 円の式 ・・・・・・ 59 | 音叉 ・・・・・・ 201 |
| 円周率 ・・・・・・ 55 | |

## カ行

| | |
|---|---|
| 加法定理 ・・・・・ 126 | 関数同士の引き算 ・・ 120 |
| 角周波数 ・・・・ 64,167 | 鋸歯状波 ・・・・・ 174 |
| 角速度 ・・・・・・ 64 | 矩形波 ・・・・・・ 175 |
| 関数同士の掛け算 ・・ 122 | 高速フーリエ変換 ・・ 38 |
| 関数同士の足し算 ・・ 118 | |

## サ行

| | |
|---|---|
| 三平方の定理 ・・・・ 60 | 正接 ・・・・・・・ 61 |
| シグマ ・・・・・・ 172 | 積分 ・・・・・・・ 82 |
| 周期 ・・・・・・・ 31 | 積和の公式 ・・・・ 126 |
| 周波数 ・・・・・ 31,64 | 接線 ・・・・・・・ 90 |
| 振幅 ・・・・・・・ 31 | 粗密波 ・・・・・・ 26 |
| 正弦 ・・・・・・・ 61 | |

## タ行

| | |
|---|---|
| 縦波 ・・・・・・・ 24 | 定積分 ・・・・・・ 82 |
| 単位円 ・・・・・・ 54 | 電磁波 ・・・・・・ 25 |
| 直交 ・・・・・・・ 144 | |

## ナ行

のこぎり波 ・・・・・ 174

## ハ行

| | | |
|---|---|---|
| 波形 | ・・・・・・・・・・・・・・ | 29 |
| 発声 | ・・・・・・・・・・・・・・ | 211 |
| 媒介変数表示 | ・・・・・・・・ | 59 |
| ピタゴラスの定理 | ・・・・・ | 60 |
| 微分 | ・・・・・・・・・・・・・・ | 90,92 |
| 不定積分 | ・・・・・・・・・・ | 82 |
| ベクトル | ・・・・・・・・・・ | 164 |
| 方形波 | ・・・・・・・・・・・ | 175 |

## マ行

無限級数和 ・・・・・・・・・・・ 236

## ヤ行

横波 ・・・・・・・・・・・・・・ 24
余弦 ・・・・・・・・・・・・・・ 61

## ラ行

ラジアン ・・・・・・・・・・・ 54

## ワ行

和積の公式 ・・・・・・・・・・・ 126

<著者略歴>
**渋谷道雄(しぶやみちお)**
1971年東海大学工学部電子工学科卒。
民間医療機関の研究所にてNMRなどの研究員、外資系半導体メーカーでMOS製品の開発・企画・設計などを行い、半導体商社の技術部などを経て、現在は電子部品商社「(株)三共社」で取締役(技術担当)。

<著書>
『Excelで学ぶ信号解析と数値シミュレーション』(共著、オーム社)
『Excelで学ぶフーリエ変換』(共著、オーム社)
『マンガでわかる半導体』(オーム社)

● マンガ制作　　株式会社トレンド・プロ　TREND-PRO
　　　　　　　　マンガに関わるあらゆる制作物の企画・制作・編集を行う、1988年創業のプロダクション。日本最大級の実績を誇る。
　　　　　　　　http://www.ad-manga.com/
　　　　　　　　東京都港区西新橋1-6-21　NBF虎ノ門ビル3F
　　　　　　　　TEL: 03-3519-6769　FAX: 03-3519-6110

● シナリオ　　re_akino

● 作　画　　晴瀬ひろき

本書は2006年3月発行の「マンガでわかるフーリエ解析」を、判型を変えて出版するものです。

- 本書の内容に関する質問は、オーム社書籍編集局「(書名を明記)」係宛に、書状またはFAX(03-3293-2824)、E-mail(shoseki@ohmsha.co.jp)にてお願いします。お受けできる質問は本書で紹介した内容に限らせていただきます。なお、電話での質問にはお答えできませんので、あらかじめご了承ください。
- 万一、落丁・乱丁の場合は、送料当社負担でお取替えいたします。当社販売課宛にお送りください。
- 本書の一部の複写複製を希望される場合は、本書扉裏を参照してください。

JCOPY ＜出版者著作権管理機構 委託出版物＞

## ぷち マンガでわかるフーリエ解析

2016年5月20日　第1版第1刷発行
2019年5月30日　第1版第3刷発行

著　　者　渋谷道雄
作　　画　晴瀬ひろき
制　　作　トレンド・プロ
発行者　村上和夫
発行所　株式会社 オーム社
　　　　郵便番号　101-8460
　　　　東京都千代田区神田錦町3-1
　　　　電話　03(3233)0641(代表)
　　　　URL　https://www.ohmsha.co.jp/

© 渋谷道雄・トレンド・プロ 2016

印刷・製本　壮光舎印刷
ISBN978-4-274-21905-4　Printed in Japan

# オーム社の マンガでわかる シリーズ

### マンガでわかる 統計学
- 高橋　信 著
- トレンド・プロ マンガ制作
- B5 変判／224 頁
- 定価：2,000 円＋税

**本家**
「マンガでわかる」
シリーズもよろしく！

### マンガでわかる
### 統計学[回帰分析編]
- 高橋　信 著
- 井上 いろは 作画
- トレンド・プロ 制作
- B5 変判／224 頁
- 定価：2,200 円＋税

### マンガでわかる
### 統計学[因子分析編]
- 高橋　信 著
- 井上いろは 作画
- トレンド・プロ 制作
- B5 変判／248 頁
- 定価　2,200 円＋税

---

ホームページ　http://www.ohmsha.co.jp/　　　TEL／FAX　TEL.03-3233-0643　FAX.03-3233-3440